农作物优异种质资源与典型事例调查

——江苏、广东 卷

● 胡小荣　高爱农　魏利青　方　沩　主编 ●

中国农业科学技术出版社

图书在版编目（CIP）数据

农作物优异种质资源与典型事例调查.江苏、广东卷 / 胡小荣等
主编.—北京：中国农业科学技术出版社，2021.1
　　ISBN 978-7-5116-5016-0

　　Ⅰ.①农… Ⅱ.①胡… Ⅲ.①作物—种质资源—资源调查—江苏
②作物—种质资源—资源调查—广东 Ⅳ.①S329.2

　　中国版本图书馆 CIP 数据核字（2020）第 175032 号

责任编辑　崔改泵
责任校对　李向荣
出 版 者　中国农业科学技术出版社
　　　　　北京市中关村南大街12号　　邮编：100081
电　　话　（010）82109194（出版中心）　（010）82109702（发行部）
　　　　　（010）82109709（读者服务部）
传　　真　（010）82106650
网　　址　http: // www.CASTP.cn
经 销 者　各地新华书店
印 刷 者　北京地大天成文化发展有限公司
开　　本　787mm×1 092mm　1/16
印　　张　10.5
字　　数　256千字
版　　次　2021年1月第1版　2021年1月第1次印刷
定　　价　100.00元

《农作物优异种质资源与典型事例调查
——江苏、广东卷》

——— 编 委 会 ———

　　近年来，随着生物技术的快速发展，各国围绕重要基因发掘、创新和知识产权保护的竞争越来越激烈。农作物种质资源已成为保障国家粮食安全和农业供给侧改革的关键性战略资源。然而随着气候、自然环境、种植业结构和土地经营方式等的变化，导致大量地方品种迅速消失，作物野生近缘植物资源也因其赖以生存繁衍的栖息地遭受破坏而急剧减少。因此，尽快开展农作物种质资源的全面普查和抢救性收集，妥善保护携带重要特性和基因的种质资源迫在眉睫。通过开展农作物种质资源普查与收集，不仅能够防止具有重要潜在利用价值种质资源的灭绝，而且通过妥善保存，能够为未来国家现代种业的发展提供源源不断的基因资源。

　　为贯彻落实《全国农作物种质资源保护与利用中长期发展规划（2015—2030）》（农种发〔2015〕2号），在财政部支持下，农业农村部于2015年启动了"第三次全国农作物种质资源普查与收集行动"（以下简称"行动"），发布了《第三次全国农作物种质资源普查与收集行动实施方案》（农办种〔2015〕26号）。"行动"的总体目标是对全国2 228个农业县进行农作物种质资源全面普查，对其中665个县的农作物种质资源进行系统调查与抢救性收集，共收集各类作物种质资源10万份，繁殖保存7万份，建立农作物种质资源普查与收集数据库。为我国的物种资源保护增加新的内容，注入新的活力。为现代种业和特色农产品优势区建设提供信息和材料支撑。

　　为了介绍"行动"中发现的优异资源和涌现的先进人物与典型事迹，促进交流与学习，提高公众的资源保护意识，根据有关部署，现计划对"行动"自2015年启动以来的典型事例进行汇编并陆续出版。汇编内容主要包括优异资源、资源利用、人物事迹和经验总结等四个部分。

　　优异资源篇，主要介绍新近收集的优异、珍稀濒危资源或具有重大利用前景的资源，重点突出新颖性和可利用性。资源利用篇，主要介绍当地名特优资源在生产、生活中的利用现状、产业情况以及在当地脱贫致富和经济发展中的作用。人物事迹篇，主要介绍资源保护工作中的典型人物事迹、种质资源的守护者或传承人以及种质资源的开发利用者等。经验总结篇，介绍各单位在普查、收集以及资源的保护和开发利用过程中形成的组织、管理等方面的好做法和好经验。

该汇编既是对"第三次全国农作物种质资源普查与收集行动"中一线工作人员风采的直接展示，也为种质资源保护工作提供一个宣传交流的平台，并从一个侧面为这项工作进行了总结，为国家的农作物种质资源保护和利用工作尽一份微薄之力。

编委会

2020年12月

由农业农村部组织领导、中国农业科学院牵头、各省农业农村厅和农科院共同实施的"第三次全国农作物种质资源普查与收集行动"于2015年开始实施，在首批启动湖南省、湖北省、重庆市、广西壮族自治区等四省（区、市）农作物种质资源普查与收集行动的基础上，2016年启动了广东和江苏两省的相关工作。经过4年多的努力，共完成广东省80个县（市、区）和江苏省60个县（市、区）的作物种质资源的普查与征集任务；完成广东省24个县（市、区）和江苏省17个县（市、区）的作物种质资源的调查与抢救性收集任务。广东和江苏两省累计收集各类农作物种质资源1.1万余份，后续的资源鉴定评价和繁种入库工作也即将完成。收集到的这些资源将极大地丰富我国国家作物种质资源库（圃）。在此次普查与收集行动中，发现和鉴定出了一批优异种质资源，这些优异资源已经或将继续在当地的农业农村经济发展、扶贫攻坚和乡村振兴等方面发挥巨大作用。其中"京塘细藕""连山地禾糯""药用野生稻"等部分地方特色种质资源被农业农村部评为年度"十大优异农作物种质资源"。

在资源普查与收集工作中，奋战在资源保护一线的领导、专家、技术人员以及普通群众认真负责和积极参与，涌现出许多先进人物和典型事例，他们为国家的农作物种质资源保护贡献了自己的一份力量和一份坚守，值得宣传和学习。

我们作为普通的种质资源工作者，能够参与"第三次全国农作物种质资源普查与收集行动"这项功在当代和利在千秋的事业，也感到非常荣幸。在此感谢各省（区、市）的有关单位及其人员对我们普查办公室工作的大力支持！由于时间仓促，本汇编难免有疏漏之处，敬请大家批评指正！

编　者

2020年12月

CONTENTS 目　录

江苏卷

一、优异资源篇 …………………………………………………………………… 3

（一）贡豆 …………………………………………………………………… 3

（二）东台百合头青菜 …………………………………………………… 4

（三）新街小方柿 ………………………………………………………… 5

（四）野生乌饭树 ………………………………………………………… 6

（五）香沙芋 ……………………………………………………………… 7

（六）大紫红 ……………………………………………………………… 8

（七）地龙白慈姑 ………………………………………………………… 9

（八）棠梨 ………………………………………………………………… 10

（九）木枣 ………………………………………………………………… 11

（十）桂五野柿子 ………………………………………………………… 12

（十一）十孔莲藕 ………………………………………………………… 13

（十二）紫桃 ……………………………………………………………… 14

（十三）毛尖花红 ………………………………………………………… 15

（十四）眼光庙红萝卜 …………………………………………………… 15

（十五）灯泡茄 …………………………………………………………… 16

（十六）冬冻青大蒜 ……………………………………………………… 17

（十七）八集小花生 ……………………………………………………… 18

（十八）黄粒小玉米 ……………………………………………………… 18

（十九）龙香芋 …………………………………………………………… 19

二、资源利用篇 ·· 20

　（一）启东市地方特色种质资源的开发利用 ·············· 20

　（二）邳州苔干成就产业，造福百姓 ······················ 23

　（三）创新中的滨海白首乌产业 ··························· 26

　（四）溧阳白芹——经典名菜助力扶贫攻坚 ·············· 29

　（五）打造"溧阳白茶"品牌，提升产业开发力度 ········· 31

三、人物事迹篇 ·· 33

　（一）梨种质资源保护者许瑞杰 ··························· 33

　（二）默默坚守，带伤坚持普查的吴林兰 ················· 35

　（三）种质资源保护的践行者周世昌 ····················· 37

　（四）寻找"老种子"，留住家乡味的周群喜 ·············· 39

四、经验总结篇 ·· 43

　（一）寻种求源广收集，辨特甄老细普查
　　　　——记东台市农作物种质资源普查与收集工作 ······· 43

　（二）众人拾柴摸家底，与"种"同行护资源
　　　　——记盱眙县农作物种质资源普查与收集工作 ······· 46

　（三）留住老种子，延续新生命
　　　　——记睢宁县农作物种质资源普查与征集工作 ······· 49

　（四）志在千里，始于足下
　　　　——第三次全国农作物种质资源普查与收集行动经验分享 ······· 54

广东卷

一、优异资源篇 ·· 61

　（一）药用野生稻 ······································· 61

　（二）野生大豆 ··· 62

　（三）连山地禾糯 ······································· 63

　（四）细黄谷 ··· 65

　（五）冬豆 ··· 65

（六）野生猕猴桃 66

（七）荔枝王 67

（八）苦斋菜 68

（九）海水稻86 69

（十）大埔金针菜 70

（十一）电白水东芥菜 71

（十二）普宁红脚朴叶芥蓝 72

（十三）翁源三华李 73

（十四）增城挂绿荔枝 74

（十五）蕉岭南磜绿茶 75

（十六）竹芋 76

（十七）青梅 77

（十八）小叶种紫芽茶10号 78

（十九）潮州单丛茶树 79

（二十）新兴大叶黄金茶 79

（二十一）火豆 80

（二十二）秋长八月豆 81

（二十三）黑糯 81

（二十四）软壳香 82

（二十五）番木瓜 83

（二十六）增城迟菜心 84

（二十七）平远禾米 84

（二十八）野生小金橘 85

二、资源利用篇 86

（一）河源火蒜——出口创汇好资源 86

（二）翁源红葱——扶贫攻坚显威力 87

（三）九郎黄姜——农业产业化发展优势产品 88

（四）藤茶——珍稀优异资源，运用前景广阔 90

（五）京塘细藕——治肾虚的植物鹿茸 91

（六）乾塘莲藕——集经济、旅游和文化于一身的宝贵资源 93

（七）橄榄果树——我国南方原产特色资源 95

（八）恩平簕菜——想要眼睛明，清明吃簕菜 98

（九）罗勒——热带特种蔬菜 99

（十）紫背天葵——中国特有物种 101

（十一）合箩茶——历史名茶 101

三、人物事迹篇 ··· 103

　　（一）老当益壮的资源专家——吕冰 ································ 103

　　（二）种质资源普查行动后勤团队——基因中心种质资源室 ······ 104

　　（三）蔬菜原种育种者——陈列高 ·································· 108

　　（四）清远阳山"晶宝梨"培育人——余碧其 ···················· 109

　　（五）和平县"猕猴桃之父"——邹梓汉 ························ 110

　　（六）茂名化州农民专家——彭何森 ······························ 111

　　（七）山间资源如数家珍——曾剑民 ······························ 112

　　（八）积极提供资源的抗战老英雄——禤炳文 ···················· 113

　　（九）药用野生稻守护人——李作伟 ······························ 114

　　（十）可敬的农技干部们 ·· 115

　　（十一）炒爆米花的古稀老人——陈群娣 ························ 116

四、经验总结篇 ··· 118

　　（一）广东第三次农作物种质资源普查与收集行动经验总结 ······· 118

　　（二）广东积极探索，深入推进第三次农作物种质资源普查与收集行动 ····· 123

　　（三）为了农业的发展，资源收集任重道远

　　　　　——广东省高州市农作物种质资源普查工作记述 ··········· 125

　　（四）广东省封开县药用野生稻调查采集工作报告

　　　　　——记"第三次全国农作物种质资源普查与收集行动"

　　　　　珍稀资源调查收集事例 ····································· 128

　　（五）广东省信宜市农作物种质资源普查与收集工作典型案例 ······ 130

　　（六）广东省雷州市农作物种质资源系统调查与收集工作进展 ······ 133

　　（七）广东省农业科学院基因中心大力开展资源普查与收集工作 ···· 134

附　录 ··· 137

　　第三次全国农作物种质资源普查与收集行动2016年实施方案 ········ 139

江苏卷

一、优异资源篇

（一）贡豆

种质名称：贡豆。

学名：蚕豆（*Vicia faba* L.）。

来源地（采集地）：江苏省东台市。

主要特征及特性：贡豆，其名来源于明朝初年，当地官员李春芳把东台的蚕豆进贡给皇帝品尝，皇帝大为欣赏，从而将其定为"贡豆"。又因该蚕豆形似牛脚，当地俗称"牛脚扁蚕豆"，其皮薄、易烂、味鲜，青豆煮食鲜嫩沙甜，老豆炒食脆而不坚，加水煮食沙而不腻，油炸豆瓣酥脆而易碎。该蚕豆生长在东台市安丰镇，受土壤条件限制明显，如异地种植，则形味皆变。粒大，平均千粒重1 500～1 600g，加工可制罐头。

利用价值：该品种具有产业利用价值，其品质优点可以作为优良育种亲本利用，同时其特定的地理分布与品质极为相关，是研究品质遗传与环境互作的好材料。当地已产业化开发利用，成为支撑当地农民增收的特色产业。东台市下灶贡豆被评为江苏省优质蚕豆，两度入选全国农业展览馆。

 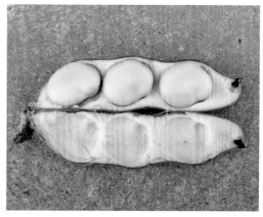

贡豆单株及豆荚

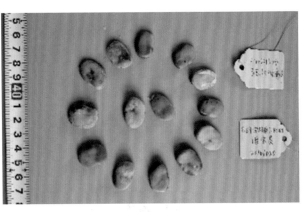

贡豆鲜食籽粒和干籽粒

供稿：江苏省东台市种子管理站　周群喜　林红梅　刘燕

（二）东台百合头青菜

种质名称： 东台百合头青菜。

学名： 青菜［*Brassica rapa* var. *chinensis*（Linnaeus）Kitamura］。

来源地（采集地）： 江苏省东台市。

主要特征及特性： 农家品种，因其叶柄圆形，基部层层紧抱，整棵青菜切去绿叶，形如百合头而得名。该品种优点是株矮耐寒、叶绿素多、抗病性强、适应性广，叶片厚而肥，深受东台地区消费者的喜爱。有"腊月青菜赛羊肉"的美誉。

利用价值： 该品种在当地栽培多年，适应性好、叶片肥厚、叶色深绿，深受当地市民喜爱，具有良好的产业应用价值。其抗性强、耐寒性好、品质优，可以作为优良育种亲本利用。

百合头青菜田间长势

青菜叶层多而肉质厚

供稿：江苏省东台市种子管理站　林红梅　周群喜　刘燕

（三）新街小方柿

种质名称：新街小方柿。

学名：柿（*Diospyros kaki* Thunb.）。

来源地（采集地）：江苏省东台市。

主要特征及特性：色泽橙红、皮薄、果肉细致、甜蜜无核，可溶性固形物含量高达20%。

利用价值：东台市新街镇是苏北柿子的重要产区，"新街小方柿"是东台主要栽植的品种，目前还注册了"小方红""唐红"等优质柿果品牌，畅销江浙沪等地的市场。

新街小方柿植株

新街小方柿果实成熟期形态　　　　　　　成熟的新街小方柿果实

供稿：江苏省东台市种子管理站　刘燕　周群喜　林红梅

（四）野生乌饭树

种质名称：野生乌饭树。

学名：南烛（*Vaccinium bracteatum* Thunb.）。

来源地（采集地）：江苏省溧阳市。

主要特征及特性：江苏省溧阳和宜兴等地有吃乌饭的习俗，乌饭为当地传统的特色小食。乌饭树果实成熟后酸甜，可食；采摘乌饭树的枝叶渍汁浸米，煮成"乌饭"，江南一带民间在寒食节（农历四月）有煮食乌饭的习惯；乌饭树的果实可以入药，名"南烛子"，有强筋益气、固精之效；江苏民间中医用叶捣烂治刀斧砍伤，乌饭树具有重要药用和园艺观赏价值。

利用价值：弘扬传统文化，通过人工驯化栽培，减少对野生资源的破坏。目前在苏南地区利用这一资源开发商品化的乌饭，在传承传统文化、促进产业发展和农业供给侧结构改革中发挥着重要作用。现存的乌饭树资源稀少，随着传统文化习俗的兴起，人们

野生乌饭树植株

对乌饭树资源的需求量越来越大，野生乌饭树资源可能会遭到破坏，在这里建议相关部门在加大乌饭树保护力度的同时，开展人工栽培，满足社会需求。

乌饭米

供稿：江苏省溧阳市种子管理站　徐春松　潘俊华　袁秀英

　　　江苏省农业科学院　邹淑琼　汪巧玲　潘宝贵　颜伟

（五）香沙芋

种质名称： 香沙芋。

学名： 芋［*Colocasia esculenta*（L.）Schott.］。

来源地（采集地）： 江苏省靖江市。

主要特征及特性： 多年生草本植物，作一年生植物栽培。香沙芋属多子芋类中的优良地方品种。该品种的主要特点是支链淀粉含量高、质地细腻，干香可口，营养丰富，并具有独特的板栗香味，素有"芋中板栗"的美称，备受消费者青睐。成熟期株高1.2m左右，全生育期175~180天，其中播种至出苗50~60天，14~16张叶片，叶片绿色，叶柄紫红色，单株结子芋8~9个，芋芽紫红色。母芋近圆球形，子芋椭圆形至卵圆形，球茎表面鳞片毛皮轮环数10~12节，且排列紧密，一般亩（1亩≈667m²。全书同）产商品子芋1 200~1 500kg。

利用价值： 靖江香沙芋是靖江首个获得中国地理标志的农产品，种植历史悠久。在推进农业供给侧结构性调整的过程中，靖江市十分注重发挥地方优异特色品种优势，使香沙芋成为带动农民增收致富和推动地方特色农业发展的有效载体，规模化种植基地和专业合作社纷纷涌现。红芽香沙芋专业合作社是靖江市成立最早的香沙芋产销专业合作社。合作社坚持走标准化生产和品牌经营之路，实行"六统一"，即统一供种、统一技术、统一收购、统一包装、统一品牌、统一销售，严格按香沙芋标准化生产技术规程生产，严把生产、检测、分级、销售关。"红芽"牌香沙芋2017年荣获"江苏好杂粮十大品牌"及"江苏好芋头"金奖。目前，靖江香沙芋产业的整体种植规模达到2.6万亩，年产值近3亿元，香沙芋种植已成为靖江市农民致富支柱产业之一。

香沙芋种植基地

供稿：江苏省靖江市种子管理站　陈莉　张海燕　黄小东

（六）大紫红

种质名称：大紫红。

学名：莲（*Nelumbo nucifera* Gaertn.）。

来源地（采集地）：江苏省宝应县。

主要特征及特性：大紫红莲藕为宝应及里下河地区的地方品种，藕头大，藕身粗，节巴粗、后把粗是其主要形态特征，更以产量高、上市早而深受农民欢迎。同时具有品质好、肉厚色白、质脆酥甜、成熟藕淀粉多、加工适应范围广的特点。一般于5月上旬种植，9—10月采收，一般每亩产量1 500kg左右，高产可达2 000kg以上。

利用价值：宝应县是全国有名的"中国荷藕之乡""全国有机食品基地示范县"。荷藕产业是宝应县的传统支柱产业，种植面积常年稳定在10万亩，以藕莲为主，籽莲和花莲为辅。"大紫红"是宝应县莲藕的主栽品种，在国内外都享有较高的知名度。"宝应荷藕"于2004年7月正式成为国家地理标志产品。共有300多个流通服务组织，经纪人队伍2 500多人，年交易量超过17万t，种植农户大约有1 450户，专业淘藕工人有1 000余人，人均年收入达5万元。已形成以江苏荷仙食品集团为首的加工企业60多家，荷藕加工企业带动就业6 000人，人均年收入3.5万元。产品有保鲜藕、水煮藕、盐渍藕、速冻藕、速溶藕粉、荷叶茶、休闲食品、藕汁饮料八大系列共100多个品种。产品远销日本、韩国、东南亚等国家和地区，创汇8 000多万美元，其中宝应县的藕制品占日本市场80%以上的份额。"大紫红"在支撑当地莲藕产业发展和帮助农民致富过程中发挥着重要作用。

大紫红莲藕生境

大紫红莲藕

大紫红莲藕制作的美食

供稿：江苏省宝应县种子管理站　唐瑞森　强建萍　许美刚　杭春全

（七）地龙白慈姑

种质名称：地龙白慈姑。

学名：华夏慈姑〔*Sagittaria trifolia* Linn. var. *sinensis*（Sims）Makino〕。

来源地（采集地）：江苏省阜宁县。

主要特征及特性：地龙白慈姑球茎扁圆形，肉白色，肉质较坚实，淀粉含量高，品质优。生育期短，生长期100天左右。抗病性强。产量高，单球茎重50～70g，亩产1 500kg左右。

利用价值：在阜宁县当地有70～80个农户种植约150亩，适当扶植，可以发展为当地的特色产业。

地龙白慈姑植株   地龙白慈姑生境

供稿：江苏省阜宁县种子管理站　唐为爱

江苏省农业科学院　潘宝贵　邹淑琼　汪巧玲　刘剑光　颜伟

（八）棠梨

种质名称：棠梨。

学名：豆梨（*Pyrus calleryana* Dcne.）。

来源地（采集地）：江苏省邳州市。

主要特征及特性：豆梨的果实极小，到了成熟时果径也仅有1cm左右，形似小豆子，故名"豆梨"。豆梨为多年生落叶乔木，常野生于温暖潮湿的山坡、沼地，抗腐烂病能力较强，对生长条件要求不高，常用作嫁接西洋梨等的砧木。

利用价值：可用作嫁接西洋梨等的砧木。野生资源越来越少，需要加强保护。目前江苏省农业科学院果树专家针对本类特色资源进行耐盐、耐腐鉴定，希望从中筛选出适合沿海滩涂种植的砧木资源，以便在沿海滩涂开发和梨产业发展方面发挥作用。

棠梨树形及周围生境

棠梨果形

棠梨资源树干粗大，据说有100多年树龄

供稿：江苏省邳州市种子管理站　李玉兰

江苏省农业科学院　付必胜　严娟　姚协丰　巩元勇　袁建华

（九）木枣

种质名称：木枣。

学名：枣（*Ziziphus jujuba* Mill.）。

来源地（采集地）：江苏省阜宁县。

主要特征及特性：枣果品质极优，生食感觉皮薄肉细、沙甜，置于蒸笼蒸煮后，有入口即化的感觉，枣皮不糙嘴，当地常用其制作"金丝甜枣"。该树在当地相当有名，周边村民利用枣核扩繁，果品皆优。

利用价值：该品种可以加以繁殖利用，规模化制作"金丝枣"，成就当地的特色果品产业，并可作为优质亲本资源在枣育种中加以利用。

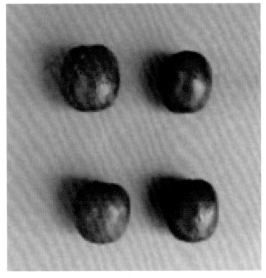

木枣植株   成熟的木枣

供稿：江苏省阜宁县种子管理站　唐为爱

江苏省农业科学院　潘宝贵　邹淑琼　汪巧玲　贾新平　刘剑光　颜伟

（十）桂五野柿子

种质名称：桂五野柿子。

学名：野柿（*Diospyros kaki* Thunb. var. *silvestris* Makino）。

来源地（采集地）：江苏省盱眙县。

主要特征及特性：桂五野柿子为当地野生柿子，目前已很少见，树龄40多年，是山野自生柿树。小枝及叶柄常密被黄褐色柔毛，叶较栽培柿树的叶小，叶片下面的毛较多，花较小，特点是果型极小，果径在2cm左右，结果数非常多，甜度较高，又名软枣。当地老百姓反映未见发生病虫害。

利用价值：桂五野柿子可作为优良育种亲本材料，利用其多花多果和无病害的特点，培育高产抗病品种，或作为砧木利用。该资源亦具有产业开发价值，利用其果实甜度高、果型小的特点，可以驯化栽培开发小柿子休闲果品（类似樱桃小番茄），丰富个性化、奇异化需求，可以结合盱眙县旅游业发展，在乡村振兴中发挥作用。桂五野柿子在当地属于非常稀少的变种类型，尚处于待开发状态，也是柿遗传多样性研究的重要材料供体。

桂五野柿子

供稿：江苏省盱眙县种子管理站　王书春　胡艳
　　　江苏省农业科学院　钱亚明　宋波　贾赵东　王晓东　方先文　张洁夫
　　　陈志德

（十一）十孔莲藕

种质名称：十孔莲藕。

学名：莲（*Nelumbo nucifera* Gaertn.）。

来源地（采集地）：江苏省睢宁县。

主要特征及特性：十孔莲藕又称十孔浅水藕，也叫白莲藕，个大、丰满、质细洁白。不管是凉拌还是热炒，均清脆爽口，甘甜无渣。当地百姓之所谓稀有，是因本莲藕的特点为十孔，有10个孔儿，一般塘藕有9孔，田藕有11孔。

利用价值：当地早熟藕的主要种植品种，规模化种植，全县有3 000多亩，其中姚集镇十孔浅水藕最有名，仅绿禾莲藕种植专业合作社就种有1 000余亩，远销南京市、上海市、天津市、沈阳市和哈尔滨市等。

十孔莲藕生境

十孔莲藕花与莲蓬

农民展示十孔莲藕地下茎

供稿：江苏省睢宁县种子管理站　惠鹏

江苏省农业科学院　付必胜　姚协丰　严娟　张建丽　巩元勇　袁建华

（十二）紫桃

种质名称：紫桃。

学名：桃（*Amygdalus persica* L.）。

来源地（采集地）：江苏省如皋市。

主要特征及特性：紫桃，蔷薇科果树，属于 *bfbf* 基因型红肉桃（隐性遗传，果肉紫红色，全红或果皮向果肉内渗透，叶片中脉红），是桃种质资源中一类重要的稀缺资源。

利用价值：紫桃果实富含抗氧化物质（如酚类、花色素苷、原花青素等含量丰富），符合消费者对健康果品的需求。这类桃已经被欧洲种植利用300余年，甚至被认为原产欧洲，在中国找到其原型，说明该类桃是在中国产生之后再传播到欧洲。该品种具有产业利用价值，其品质优点可以作为优良育种亲本利用。

紫桃资源生境及植株

供稿：江苏省农业科学院　严娟

（十三）毛尖花红

种质名称：毛尖花红。

学名：花红（*Malus asiatica* Nakai）。

来源地（采集地）：江苏省溧阳市。

主要特征及特性：花红，别名沙果、林檎、小苹果，蔷薇科苹果属落叶小乔木。本资源是在溧阳市天目湖镇毛尖村搜集得到的古老地方品种，具有抗病性强、耐旱、耐土壤贫瘠等特点。果实味美甘鲜，肉嫩带清香，酸甜适度，深受苏州、无锡、常州等周边城市市民的喜爱。"毛尖花红棠下瓜，黄雀青鱼白壳虾，馒头烧卖鸭浇面，芹菜冬笋韭菜芽。"相传这是清代大学士史贻直的诗句，介绍溧阳的地方特产，在家乡溧阳广为流传。名列最前的毛尖花红，是指产于毛尖村的特色水果花红。在清乾隆年间，毛尖花红成为宫廷贡品而声名鹊起。成熟的花红外表白青发亮，闻起来清香扑鼻、入口爽脆、汁多味甜、香浓渣少，其色、香、味为其他果品所不及。

利用价值：毛尖花红更可贵的是，这小小的花红果还具有药用价值，把青涩未熟的花红浸在白酒里，陈久了可以治疗胃肠病，对治疗痢疾更是有奇效，坊间有民谣"桃慌李饱杏伤人，花红吃了补精神"。花红酒也是当时百姓日常生活中一种极受欢迎的饮品。毛尖花红具有很高的食用和药用价值，加工可开发花红蜜饯、花红酒、花红茶，且具有杀菌、治痢疾等多种药用功效，可以发展为当地的特色果品产业。

花红果园

挂果的花红

供稿：江苏省农业科学院　贾新平

（十四）眼光庙红萝卜

种质名称：眼光庙红萝卜。

学名：萝卜（*Raphanus sativus* L.）。

来源地（采集地）：江苏省东台市。

主要特征及特性：眼光庙红萝卜栽种历史悠久，因原产东台台城东郊眼光庙一带而得名。该品种圆形，重60～100g，皮红有光泽，肉质洁白、松脆，大小均匀，食之甘美，无辣味，宜糖醋凉拌，佐酒解腻，也可生炒熟煮，清鲜可口。

利用价值：当地特色品种资源，栽培历史悠久。端午节应时上市，是极具有东台特色的地方农产品，可以产业化开发利用。

眼光庙红萝卜植株　　　　　　　　　　眼光庙红萝卜肉质根

供稿：江苏省东台市种子管理站　林红梅　周群喜　刘燕

（十五）灯泡茄

种质名称：灯泡茄。

学名：茄（*Solanum melongena* L.）。

来源地（采集地）：江苏省东台市。

主要特征及特性：东台沿海地区优良茄子品种，因果实形似白炽灯泡，当地俗称"灯泡茄"。该品种中晚熟，第10～12节着生门茄，株高90～100cm，开展度70～80cm，果长19～21cm，横径8～9cm，单果重450～550g，果皮薄、紫色，果肉白色、微绿，肉质细嫩，种子小，口感清香。

利用价值：该品种特殊的果形迎合本地区及周边地区消费者"包茄夹子"（一种菜肴）的需求，近年来品种有所退化，建议繁育提纯复壮，产业化开发。

成熟期的灯泡茄　　　　　　　　　　　灯泡茄果实外形及剖面

供稿：江苏省东台市种子管理站　林红梅　周群喜　刘燕

（十六）冬冻青大蒜

种质名称：冬冻青大蒜。

学名：蒜（*Allium sativum* L.）。

来源地（采集地）：江苏省大丰区。

主要特征及特性：该品种是当地蒜农经过长期种植，从"三月黄"中选育出来，适宜本地环境生长的优质大蒜品种，栽培历史悠久。主要分布在大中、新丰、南阳等乡镇，种子大多由农户自留。以该品种为主申报的"裕华大蒜"获得国家地理标志证明商标。该品种较"二水早""三月黄"耐低温，秋冬季生长势强，叶色浓绿，比"三月黄"早发，冬前生长量大，青蒜产量高，苗、薹两用。蒜瓣（种子）较大，瓣数多，白皮；叶色浓绿，10叶，株高80cm左右，薹长50cm左右。抗病性强。大蒜叶枯病轻于"二水早""三月黄"，冬季黄叶少。产量高，常年青蒜产量亩产可达3 000kg，蒜薹亩产量1 500kg，蒜头亩产量500kg。

上市销售的蒜苗

利用价值：叶片、蒜薹、蒜头均可食用，青蒜、蒜薹、蒜头等产品中大蒜素含量高，蒜味较北方品种浓，口感好。产量高、品质优，已成为当地主要栽培品种，蒜薹大量出口到日本、韩国等国家。

冬冻青大蒜田间长势

供稿：江苏省盐城市大丰区种子管理站　王新华

（十七）八集小花生

种质名称：八集小花生。

学名：花生（*Arachis hypogaea* Linn.）。

来源地（采集地）：江苏省泗阳县。

主要特征及特性：果型小，果壳洁白，壳皮薄粒饱，果形均匀美观，籽仁饱满。花生果内脂肪含量为40%～42%，蛋白质含量为22%～24%，水溶性糖含量为2.5%～3%。炒制后的"八集小花生"香甜可口，具有"白、香、甜、脆、入口无渣、食之不腻"的特点。

利用价值：八集小花生已在当地规模化生产，泗阳县年种植5万余亩，供应周边

八集小花生田间长势

炒货市场，2011年八集小花生实施国家农产品地理标志登记保护，江苏省苏花集团等龙头企业在进行品牌经营。八集小花生还可作为亲本资源用于烘烤型花生新品种培育。

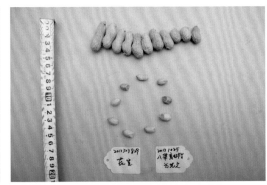

八集小花生植株、假果及籽粒

供稿：江苏省农业科学院　陈志德

（十八）黄粒小玉米

种质名称：黄粒小玉米。

学名：玉米（*Zea mays* L.）。

来源地（采集地）：江苏省新沂市。

主要特征及特性：该种质资源是当地农民自留的玉米老品种，表现一株多穗，气生根发达，产量不高。品质优，果穗小，籽粒黄色，硬粒型，富糯性，适合鲜食或煮食。

利用价值：直接用于商业化生产产量不高，建议作为育种材料用于鲜食玉米育种。

黄粒小玉米株型

黄粒小玉米果穗籽粒

供稿：江苏省新沂市种子管理站　盛焕银　徐艳

（十九）龙香芋

种质名称：龙香芋。

学名：芋［*Colocasiaesculenta*（L.）Schott.］。

来源地（采集地）：江苏省兴化市。

主要特征及特性：株高1.2～1.5m，叶片深绿色，叶柄长，叶片与叶柄相连处有紫晕；母芋近圆球形，肉白色，粉而香，子芋少，椭圆形，肉质黏。

利用价值：龙香芋已在当地规模化种植，并加以深加工利用，建议进一步提纯复壮。

龙香芋利用温棚生产早上市

龙香芋有机栽培试验

龙香芋苗期植株

供稿：江苏省农业科学院　陈志德

江苏省兴化市种子管理站　汤峰

二、资源利用篇

（一）启东市地方特色种质资源的开发利用

启东市位于长江入海口，东北滨临黄海，南靠长江，西与海门市接壤，为沿海低平地区冲积平原，具有鲜明的江海特色，历史上曾有"粮棉故里、东疆乐土"的美称。启东于1928年3月建县，建县虽然不到90年历史，但启东北部的吕四地区属古长江冲积沙洲，成陆已有千年历史。启东西部原为满洋沙、永泰沙、永昌沙等，成陆于1768年，距今已有250多年，当时由崇明的粮户、苏南的沙洲、海门的林甸镇一带的移民到惠安沙、满洋沙的沙洲筑堤围田，开荒垦牧，垦牧的农民从各地带来了各种农作物种植，因此，农作物种质资源比较丰富，四青作物（青毛豆、青蚕豆、青豌豆、青玉米）、四色豆（绿皮蚕豆、大红袍赤豆、乌皮青仁豆、白扁豆）、地产三宝（双胞山药、香沙芋、香芋）等种植历史悠久，知名度较高。但据老农民的回忆，有很多地方特色品种已经失传，如20世纪50年代初，本地种植的旱稻品种，可以在棉花、花生地里间作，品质特别好，煮熟的米饭紫红色、糯性足，香味会传到百米以外，现在已经绝种了。通过"第三次全国农作物种质资源普查与收集行动"，深入镇村、农户的调查，访问当地老农民，踏田考察，收集了地方特色种质资源洋扁豆、白扁豆、香沙芋、双胞山药、香芋及野生近缘植物种质资源黑眼赤（小豆）、菊芋等25份。

1. 建立示范基地

启东系不同时期的河相、海相沉积平原，壤性或沙性潮盐土，土层深厚，土壤肥沃，微量元素十分丰富。启东为北亚热带湿润气候区，季风环流影响显著，四季分明，气候宜人，光照充足，雨水充沛，无霜期长，在独特的土壤和气候条件下生长出的四青作物、四色豆、地产三宝等地方特色产品，品质好，口感佳，深受种植农民的喜爱。通过流转土地，建立地方特色种质资源作物规模连片生产基地，在各级政府和主管部门的关心支持下，通过示范基地广大干部群众的艰苦努力，加强了农田设施建设，耕翻平整土壤，增施有机肥，达到改良土壤和增加土壤保肥保水能力的目的。水、电、路、桥、绿化等各项设施配套完善，河道宽畅，沟河相通，排灌方便，水环境洁净，提高了作物抵御自然灾害的能力，生产环境达到了无公害农产品生产标准，符合GB/T 18407.1无公害蔬菜产地环境条件的规定，确保种质资源特色农产品优质高产，取得显著成效。南阳村建立了万亩四青作物示范基地，北新镇万安村建立了千亩洋扁豆示范基地，王鲍镇庙桥村建立了800多亩地产三宝示范基地，形成了"企业+基地+农民经纪人+农户"产业化链式开发经营模式，做到镇有服务机构、村有服务组织、组有服务网点，为示范基地农民提供了技术、信息、营销、物资等全方位服务。

2. 加强品牌建设

为了进一步保护和充分利用种质资源优势，扩大其知名度，启东市各级政府十分重视发展特色种质资源生产，加强品牌建设。在深入示范基地、图书馆、档案馆，收集有关资料的基础上，通过品质特色、产地环境、生产方式、人文历史、产品知名度、产业发展前景等6个方面总结，近年来成功申报了"启东青皮长茄""启东洋扁豆""启东沙地山药""启东绿皮蚕豆""启东芦稷"5个国家地理标志产品；"启东青皮长茄""启东洋扁豆"列入了全国名特优新农产品目录；启东市多吃点农地股份专业合作社生产的"双包山药""香沙芋"被评为江苏省首届消费者最受欢迎的绿色食品；王鲍镇地产三宝获得第七届江苏省农民合作社产品展销会畅销产品奖。发挥了品牌效应，抢占了市场，畅通了产品流通渠道。

3. 加大宣传力度

启东市种质资源作物产品通过加大宣传力度，近年来得到了长足发展，逐步形成了具有一批规模化生产基地和优势产业，具备了良好的发展基础。启东芦稷是启东市著名的地方特色经济作物，已有悠久的种植历史和一定的生产规模，火遍上海市的时尚生活频道生活服务类节目《拜托了，煮夫》栏目组在启东对芦稷产业进行采访，深入农家田头，收集拍摄了芦稷的田间生长、成熟采收、芦稷的吃法、市场销售等情况，节目组的工作人员还品尝了芦稷，赞不绝口。该节目在上海电视台播出后引起极大反响，因此启东芦稷畅销上海市、浙江省、江苏省等地，具有较高的知名度。启东市地方特色产品多次在东疆风情、启东味道等刊物和网络上宣传报道，进一步提升了启东市特色农产品的品牌知名度和科技含量。启东市的地方特色产品多次参加了上海、南京、杭州、南通等大中城市的农产品展销会，产品有小包装、真空包装、精美礼盒等，独特的风味和品质受到广大消费者的一致好评和青睐，具有较强的市场竞争力。

4. 开展技术培训

发展地方特色种质资源生产与开发离不开技术，为了让广大种植农户熟练掌握种植技术，了解市场信息，启东市农业委员会根据种质资源品种生育特性和栽培技术资料，编印培训资料，制作多媒体。以启东市农业干部学校为主体，各镇农技站、村农技服务点为阵地，构成三级农技培训网络，定期举办技术培训班，提供栽培技术、生产开发、产品销售等诸多环节的培训和指导。聘请专家教授进行专题讲座和本地科技示范户、农民经纪人现身说法相结合。种植农户听课后纷纷表示，这样的技术培训班，对他们发展特色产业帮助很大。启东市农业委员会与科协、广电局协作，拍摄了种质资源特色产品的种植技术与开发前景的专题节目，在启东电视台《金土地》栏目黄金时间播出。启东电台在《金色大地》栏目作有关地方特色种质资源洋扁豆、白扁豆、香沙芋、双胞山药、香芋等品种介绍，及种植模式、配套技术等技术讲座。多次召开示范基地村干部、种植农户座谈会，一起分析形势，理顺致富思路，细算对比账，统一了思想认识，调动了广大农户的积极性和创造性。在播种、防病治虫、施肥灌溉、采收上市等关键时期，组织技术人员、镇村干部、农民经纪人深入田头、户头，联合现场办公，提供全程一体化服务，及时解决种植农户的难题。

5. 促进经济发展

近几年来，通过大力发展启东地方种质资源产品生产，充分发挥启东市区位、耕作、技术和保鲜加工优势，启东地方特色产品生产逐步向基地化、规模化生产发展，创建名特优产品、实施产业化经营，拓宽外向型渠道，进一步提高了市场竞争力，形成了具有启东特色的高效种植结构。芦稷是启东著名的地方特色作物，据启东市志记载，芦稷又名甜芦粟，属一年生禾本科植物，是高粱的近缘种，株高3m左右，茎有节，可食用，以青皮长节为佳，汁多甘甜，营养丰富，可与甘蔗媲美，叶子可喂羊，根皮作柴火，穗头晾干褪籽后是扎扫帚的材料。目前生产规模1 000hm²，年产量8.4万t，年销售额1.35亿元左右。生产区域遍及全市12个镇（乡），逐步形成了一批规模化生产基地和一些特色优势产业。启东芦稷还成了"网红产品"，启东市合作镇周云村的芦稷在拼多多电商平台上十分畅销。村民们在成熟的芦稷田里砍下芦稷，削去嫩梢，撕下叶子，砍去老根，切成段，真空包装，随后由村里统一运送至快递驿站，发往全国各地。启东洋扁豆是启东有名的地方特种豆类蔬菜，鲜籽粒皮薄粒大，肉质细腻，酥糯爽口，营养丰富，食用方法多样，炒、煮、煨汤均可，风味极佳。目前年种植面积3万亩，年总产3 000余t，年销售额1.5亿元左右。近年来，由于钢架大棚等保护地设施不断得到推广，采用科学的栽培管理措施，应用高效种植模式，同时拓宽市场销售平台，启东洋扁豆生产呈现出连片规模化、高效集约化、特色鲜明化等特征，在满足本地市场的同时，产品还销往江浙沪等大中型城市，部分产品还出口东南亚国家。双胞山药、香沙芋、香芋被称为"启东地产三宝"，种植历史悠久。据启东县志记载，光绪二十三年（1897年），崇明在久隆镇（现王鲍镇镇政府所在地）设崇海巡检司，100多年前，随着大批江南居民的迁入，也带来了山药、芋艿、香芋的种植。启东市王鲍镇庙桥村是地产三宝种植生产专业村，采用科学的栽培管理措施，应用机械化生产，同时拓宽市场销售平台，地产三宝生产也呈现出连片规模化、高效集约化、特色鲜明化等特征。目前，庙桥村"地产三宝"种植规模达895亩，年产地产三宝2 237.5t，地产三宝年产值超1 387万元，加上其他农副业收入，全村人均收入超过21 750元，全村从事地产三宝产业的人数占全村劳力的61.9%，实现了蔬菜增产、农业增效和农民增收。

黑眼赤豆

白扁豆

启东洋扁豆

洋扁豆速冻产品

启东香芋

启东香芋植株

供稿：江苏省启东市种子管理站　石超民

（二）邳州苔干成就产业，造福百姓

"第三次全国农作物种质资源普查与收集行动"江苏省第二调查队于2016年9月在邳州市收集到一份特殊的种子资源——苔干（品种名称：邳苔2号，当地俗称"青不老"）。邳苔2号是江苏省邳州市农林局蔬菜所和邳州市占城镇农技站从邳州地方品种中经系统选育而成，2003年经徐州市农作物品种审定委员会审定通过，这些年一直是邳州苔干产业主栽品种。

通过与邳州市农业委员会工作人员的座谈，以及到苔干生产基地的实地调研，发现邳州苔干产业发展兴旺，不仅具有深厚的历史底蕴和文化价值，而且在当地脱贫致富和经济发展中起到非常重要的作用。

1. 历史传承

邳州栽培苔干具有悠久的历史，此品系北温带珍贵蔬菜，为菊科、莴苣属，一年生草本植物。属绿叶类蔬菜，秋季取其梗剥皮劈条晒制而成。始见于秦，迄今2 200多年。20世纪80年代，邳州苔干因其特有的品质和丰富的营养价值被江苏省人民政府列入江苏省十大名优特产。1986年获深圳展销会畅销商品；1988年获北京农业博览会金奖；1991年被农业部、财政部列为"八五"期间全国最大的名、特、优项目进行开发；1992年获香港国际食品博览会特别奖；1995年被列为北京第四届世好会"专用贡菜"；从1998年起，多次荣获国内外大奖，并被中国绿色食品发展中心确定为绿色保健食品，人民大会堂指定绿色国宴佳肴；2007年，邳州苔干被邳州市政府列入邳州市第一批非物质文化遗产代表作名录。邳州苔干也被录入到《经典江苏·名产录》，被中华特产网收录为中华地方名优特产。2013年"邳州苔干"被列为国家"地理标志产品"，制定的《地理标志产品——邳州苔干》被江苏省质监局颁布实施为省级地方标准。

2. 发展现状

（1）种植基地基本稳定。近年来，邳州市苔干复种面积维持在1.5万亩，年产量2 000t左右，是全国较大的苔干生产基地之一。

（2）品种结构逐步优化。邳州市农业部门先后从邳州地方苔干品种中系统选育出邳苔1号、邳苔2号，并经徐州市农作物品种审定委员会审定。邳苔2号已经成为现在的主栽品种，每季每亩产干菜120kg，一年两种两收，是一个产量高、效益好的地方蔬菜新品种。

（3）栽培模式不断优化。围绕"高产、优质、高效、安全"的目标，集中示范良种良法配套、轻简育苗、平衡配方施肥以及标准化示范栽培等配套技术，形成了苔干—西瓜—苔干，苔干—西瓜—苔干—蔬菜等立体种植高产高效栽培模式。邳州市起草的《邳州苔干生产技术规程》通过江苏省质监局评审，并颁布实施为省级地方标准。

（4）加工营销体系初步建立。邳州市苔干通过加工企业开发出脱水贡菜、清水贡菜、红油贡菜、保鲜贡菜、水煮苔干、礼盒苔干等10余种商品，产品销往上海市、广东省等10余个省、市。从事苔干销售的经纪人20人以上，与上海市、广东省、安徽省等地的客商建立了稳定的合作关系，基本保障了当地苔干的正常销售。

（5）品牌建设稳步提升。2011年以来，邳州苔干先后被批准为"无公害农产品""国家地理标志保护产品"，伟楼、晶贝、三宝、德好、小苔农等5个产品已成为知名品牌，邳州苔干的美誉度和市场占有率不断提高。

（6）农民收益增效显著。邳州苔干通过推行标准化示范区建设，实行"公司+基地+农户"的运行模式，每年标准化种植面积达0.7万亩以上，示范户数达到1 200多户，人均收入达4 000余元，高于当地农民平均收入20%以上。

3. 邳州苔干产业发展优势

（1）农民有长期的种植习惯。占城、议堂、土山、八路、新河等镇种植苔干历史悠久，种植户基本上熟练掌握育苗、移栽、田间管理、适期收获、削皮、切条、晾晒等关键生产及初加工技术。农户长期的种植习惯有利于进一步扩大种植规模。

（2）经济效益较高。按照2017年市场价格春苔干平均亩产110kg，每千克46元，亩产值5 060元；秋苔干平均亩产120kg，每千克56元，亩产值6 720元，合计每亩复种年总产值11 780元。扣除种子、化肥、农药、人工等成本两茬3 400元左右，亩纯收益8 000元/年以上。

（3）独特的地理环境。邳州市苔干种植规模比安徽省涡阳县少，但独特的地理环境造就了其苔干品质明显优于安徽涡阳，在市场上具有明显的竞争优势。

4. 邳州苔干的产品优势

（1）风味独特。邳苔2号生产的苔干色泽鲜绿，形状细长，组织致密，肉质肥厚，质地脆嫩，营养丰富。最显著的特点是质地筋脆。邳州苔干无论是油炸或是在沸水中煮30min以上，不烂不面，依然筋脆，而其他地方的苔干在沸水中煮10min以上，既烂又面，筋脆风味丧失。其次各项理化指标合理。含水量为17%～21%，蛋白质含量≥12%，可溶性糖含量（%）≥25，粗纤维（%）≥5.0，钙（%）≥0.25，铁（mg/kg）≥55，锌（mg/kg）≥12，β胡萝卜素（mg/kg）≥0.12，维生素E（mg/kg）≥6。近年来经检测，邳州苔干还含有抗癌物质稀有元素硒（mg/kg）≥0.04。

（2）药用价值较高。邳州苔干翠绿鲜嫩，清脆可口，清香沁脾，有天然海蜇、健康食品之美称。据明代《本草纲目》记载：苔干具有安神、健胃、解酒、催乳、利尿、清热解毒等功能。"生食可补筋骨、利五脏、开胸膈臃气、通经脉，令人齿白、聪明少睡；熟食可解热毒、酒毒、止消渴、利大小肠"。1992年经江苏省农业科学院检测：邳州苔干内含18种氨基酸、多种维生素及锌、铁、硒等人体所需微量元素，长期食用，可降低血压、胆固醇，助消化，美容养颜、抗衰老，抗癌，防治冠心病，为不可多得的健康食品。

由于先进的种植技术和独特的地理条件，使"邳州苔干"发展成为传统的特色品牌，被誉为苔干中的上品，深受国内外客商青睐，产品已销往日本、美国、韩国、澳大利亚、中国香港等20多个国家和地区，年创外汇800多万美元，成为邳南苔干主产区农民脱贫致富的支柱产业，对当地经济发展起到了积极的促进作用。邳州人走亲访友，礼品中也少不了苔干。因此，邳州苔干产品在市场上的销售价格较周边铜山、睢宁等地的苔干产品要高出20%左右，所以市场上经常有其他地区的苔干产品冒充邳州苔干进行销售。由此可见，邳州苔干已经不仅仅是一种产品，而且是一个地域形象的标志。

苔干生产基地

苔干产品——贡菜

供稿：江苏省邳州市种子管理站　李玉兰

江苏省农业科学院　巩元勇　付必胜　袁建华

（三）创新中的滨海白首乌产业

滨海白首乌，为萝藦科鹅绒藤属牛皮消组白首乌（*Cynanchum bungei* Decne.），当地亦称为白何首乌、何首乌、首乌等，是滨海著名的传统特产和优势产业，在国内外享有盛誉。首乌与人参、灵芝、冬虫夏草历来并称我国中草药宝库中的"四大仙草"，相传八仙之一张果老就是食用何首乌而得道成仙的。"滨海白首乌"已于2008年注册中国地理标志证明商标，2010年获国家地理标志产品保护，2011年获国家农产品地理标志保护，2014年获国家卫计委新资源食品认定（可作为有传统食用习惯的普通食品原料开发应用），2017年获"江苏省十大人气地理标志品牌"。

多年来，滨海县紧紧抓住沿海大开发的机遇，通过产学研合作，强化技术、资金集成，着力解决白首乌产业发展过程中的关键瓶颈技术难题，成功走上了一条依靠技术创新，加快产业发展之路。

1. 滨海白首乌在全国资源独特

白首乌在滨海由野生种逐步驯化为当地特用的栽培种，其种植加工历史已有200多年。滨海、沿海、黄河故道地区的白首乌种植地域，具有偏碱富钾的土壤条件、上淡下咸的阴阳水系和昼夜温差较大的海洋性气候等，这些生态环境的综合因素形成了适宜白首乌生长发育、优质高产的得天独厚的自然环境条件。由于滨海县沿海黄河故道区域的地理环境独特，是全国唯一最适宜白首乌生长的地区，具有区域资源的垄断性，而且白首乌种植历史悠久，历史文化底蕴浓厚，是全国白首乌唯一的集中产地，产量占全国95%，是全国著名的首乌之乡。据当地县志记载（1932年版本）："萝藦科何首乌（现专家认定为白首乌），产东北乡，采地下茎，以制粉甚益人，为本邑著产，与蓼科之何首乌同名异物""早在清咸丰年间，境内就有农民种植何（白）首乌、加工首乌粉，作为礼品进贡朝廷、馈赠亲友，并世代传承，沿种不息。"

本草考证表明，白首乌始用于晚唐，盛行于宋、明，沿用至今，在国内外享有盛誉，被历代医家视为摄生防老珍品，具有安神补血、收敛精气、滋补肝肾、乌须黑发、抗衰老等功效。唐元和七年（公元813年），李翱作《何首乌录》，宋代《开宝本草》首乌项下记载，"何首乌有赤、白二种，赤者雄、白者雌"。李时珍在临床实践中十分重视赤、白合用的传统经验，《本草纲目》收载的以何首乌为主药的补益方，均按赤、白首乌各半的原则炮制和配伍。古本草所载何首乌的补益功效，乃赤、白首乌的共同作用。

2. 滨海白首乌产业规模日益扩大

经北京中医药大学龚树生等专家教授的产地调查和史料考证认定：滨海白首乌（耳叶牛皮消）具有重要的医疗价值和经济意义，其补益作用优于赤首乌，是一种有前途的抗衰老药。现代研究初步表明，白首乌具有调节免疫功能、抗肿瘤、保肝、降血脂、抗氧化及促进毛发生长等作用，正符合当今世界疾病谱和医学模式的变化发展及功能性保健食品和美容用品发展的需要，为滨海白首乌资源的综合开发利用提供了更为广阔的发展空间。

近年来，随着白首乌产品市场需求的日益扩大，滨海白首乌产业也呈现出迅速发展态势。目前全县建有稳定的白首乌生产基地，标准化栽培水平不断提高，种植规模逐步扩大，单位面积产量逐年增加，为全县白首乌产业发展奠定了坚实基础。并选育推广'滨乌1号'和'苏乌1号'新品种两个，制定江苏省地方标准6个、食品安全标准1个、企业标准26个，组装配套新技术12项，全县白首乌种植面积已发展到4万～5万亩，其中国家标准化示范区1.5万亩，亩产鲜乌由过去500～600kg提高到1 000kg左右，高产田块亩产可达1 500kg以上。全县拥有一批科技型、成长型龙头加工企业，产业化经营水平快速提升，建有白首乌加工企业盐城金昉首乌科技发展有限公司等18家，已初步形成产加销、科工农一体化的生产体系和产业集群，滨海县政府已将白首乌产加销一体化确定为一县一业支柱产业，并被列入江苏省苏北地道中药材支柱产业、江苏省优势农产品产业发展规划、江苏省和国家科技富民强县行动计划、国家星火计划和地道中药材开发计划等。"

3.滨海白首乌产业效益快速提升

经专家考证，白首乌是一种药食同源物种，而且具有很高的食品、药品、美容化妆品等开发应用价值。近年来，滨海县在大力发展白首乌生产的同时，一方面坚持以科技为先导，以成果转化为重点，紧紧围绕解决白首乌产业加工过程中的重大关键技术，以国内多家科研院所为技术依托，开展技术攻关；另一方面通过政策驱动，科技招商，努力培植和发展壮大龙头加工企业，逐步形成了集标准化种植、精深加工、产品开发、技术服务和市场营销于一体的产业化经营格局。全县18家首乌加工企业固定资产3.16亿元，常年销售6亿元左右，利税1.6亿～1.8亿元。金昉、果老等8家企业先后被列为国家和江苏省星火重点龙头企业、江苏省农业科技型企业、江苏省民营科技企业和省市农业产业化重点龙头企业。在白首乌产业开发上，坚持以市场为导向，以效益为核心，以基地建设为基础，以产品开发为重点，以品牌创建为抓手，大力弘扬首乌文化，全面提升白首乌产业的科技含量和市场竞争力，使滨海白首乌的资源优势迅速向商品优势、产业优势、品牌优势和经济优势转化。近阶段滨海白首乌产品市场价格稳中有升，鲜乌块根每千克6～10元，亩产值6 000元左右，高产田块达8 000～10 000元，每年可带动基地农民人均增收1 000～1 500元；经加工后的白首乌制品一般增值2～3倍，全县每年实现产值6亿～8亿元。

4.滨海白首乌系列产品誉满全国

滨海白首乌产品在全国独具特色，民间的认同度极高，在国内市场上有一大批传统的消费群体，在国际上也享有盛誉，是一笔巨大的无形资产。滨海县是全国唯一将白首乌加工成功能性滋补食品和保健食品推介给消费者的。白首乌产品已由原来单一的白首乌粉发展到白首乌饮片、白首乌速溶粉、白首乌超微细营养全粉、白首乌干条、白首乌粉丝、白首乌养生保健酒（百年白首）、白首乌晶、白首乌花茶、白首乌延寿膏、白首乌化妆品和白首乌总甙、总磷脂等活性成分提取物等二十多种系列产品。"爱生"牌白首乌产品已获得国家有机食品、绿色食品证书和江苏省名牌产品证书；"果老"牌白首乌产品已获得国家保健食品和省市名牌产品证书。在全国设有流通企业销售窗口和网点500多个，经纪人队伍1 880多人，网络营销平台兴旺发达。近年来，滨海与国内外科学界、医学界和商业界进行全方位合作，对白首乌在食品、医学、美容及工业原料应用研究方面取得新进展，运用细胞破壁、综合溶媒梯度和微波分子诱导混合提取、复合生物工程、超波缩、超微粉等新技术、新工艺，开发生产出白首乌系列新产品，目前滨海白首乌产品畅销全国，并远销海外十多个国家和地区。

滨海白首乌产业以其资源的垄断性，产品的独特性和巨大的综合开发利用潜力，已成为促进当地农民增收、带动地方经济发展的优势特色产业，滨海白首乌也必将为丰富和提高人们养生健美及提高生活质量作出积极的贡献。

白首乌种植地

白首乌花、叶形态

白首乌块根

供稿：江苏省滨海县种子管理站　刘均

（四）溧阳白芹——经典名菜助力扶贫攻坚

溧阳白芹，在溧阳市及周边地区种植有数百年历史，是当地农民充分利用当地农耕智慧培育出的一种特有蔬菜，其味清香脆嫩、津甜爽口，为江南时蔬经典美食。溧阳白芹的种植历史可以追溯到南宋时期，早在800年前的南宋，溧阳民间在圩区湿地，以"水芹旱育、深培土植"而成芹中珍品，江南一绝。明朝《吴邑志》："芹，春生泽中，洁白有节，其气芬芳。"经过数百年的改良驯化，溧阳白芹形成许多独立遗传特征，芹茎洁白如玉且晶莹脆嫩、质脆嫩、叶清香、水分多，为芹中佼佼者，完全不同于其他地区的水芹和旱芹。溧阳白芹茎、叶柄中还富含多种维生素和无机盐，其中以钙、磷、铁的含量较高，具有一定的药用价值，可起到清洁血液、降低血压的功效。溧阳白芹既可荤炒，又可素拌，其中拌芹菜和炒芹菜因色、香、味、形俱全，是冬春之际餐桌上脍炙人口的时鲜菜，被誉为江南美食佳肴中的一绝。2005年，溧阳白芹进入钓鱼台国宾馆成了国宴菜肴。

2008年，被评为江苏省名牌产品，同时当选溧阳十大经典名菜。2010年12月，成为农业部农产品地理标志产品，2014年12月，经评比入选24道"江苏省当家菜"。

为培育出这个风味独特的溧阳"名片"，溧阳市在白芹种质资源开发利用中做足了功课，从组织领导、科学规划、产业推动、科技服务、政策扶持等方面予以贯彻落实，充分发挥地方特色无可替代的引领作用，鼓励农民种植，在技术和资金方面给予扶持，溧阳市农林局、蔬菜办组织专家学者，先后制定了《溧阳白芹农产品地理标志使用管理规则》《溧阳白芹质量管理办法》，发布了《溧阳白芹生产技术规程》《溧阳白芹产品质量标准》《溧阳白芹贮藏保险技术规程》等3个江苏省地方标准，对溧阳白芹的生态环境、生产管理、采收技术、田园清洁进行了明确的规范，使溧阳白芹的生产、贮运、保鲜有了统一的标准，促进了其产业的可持续发展，帮助农民增收。

为进一步挖掘、提高溧阳白芹产业化价值，溧阳市农林局、种子管理站、园艺技术推广站、蔬菜办等部门在资源保护的同时，也正在不断创新科技，依托现代农业技术手段，突破传统栽培措施、季节等限制，打破了溧阳白芹原先只有冬天才有的历史，通过独特的暗室无土栽培等措施，采用在人工控温、控湿的条件下再生长，实现了溧阳白芹一年四季的生产供应市场。溧阳白芹在保护中利用，坚持以特色资源保护为核心，不断开展技术创新，使种植800多年的"老品种"焕发出新的神采，成为带动当地经济发展的"香饽饽"。目前，溧阳白芹种植规模上万亩，溧阳白芹一般在11月初至次年3月底上市，亩产1 000kg，亩产值在2.5万～3万元，年产值超2亿元，从规模种植、加工包装，到市场销售、品牌打造，形成了产业链，产品远销北京、上海、南京、中国香港等地，成为溧阳最具特色的农产品。

溧阳白芹

供稿：江苏省溧阳市种子管理站　徐春松　潘俊华　袁秀英

江苏省农业科学院　王伟明　潘宝贵　颜伟　李华勇　刘剑光　张建丽

贾新平　顾磊

（五）打造"溧阳白茶"品牌，提升产业开发力度

溧阳拥有国家5A级景区——天目湖景区，因此提到溧阳，很多人会想到"水甜茶香鱼头鲜"，茶香说的就是溧阳白茶，而最出名的就是源自天目湖的白茶。如今，溧阳茶园面积已达7万亩，其中天目湖白茶面积近3万亩，平均亩产值达1万元以上，进入盛产期的白茶亩产值可达3万元。小茶叶成为带动溧阳村民致富的"金叶子"，2010年4月溧阳白茶成为农业部农产品地理标志产品，近年来先后有200多个产品在国家、省级名特茶评比中获殊荣。

白茶，属于绿茶的白化品种，素为茶中珍品，历史悠久，其清雅芳名的出现，迄今已有880余年了。茶色为什么是白色？主要是由于采摘了细嫩、叶背多白茸毛的芽叶，加工时不炒不揉，晒干或用文火烘干，使白茸毛在茶的外表完整地保留下来，这就是它呈白色的缘故。

溧阳的白茶有它的独特性。据王继胜介绍，溧阳白茶最初的品种引自浙江安吉的"白叶一号"，在溧阳长期栽培选择过程中逐渐形成了地方特色品种"溧阳白茶"。其中，产自天目湖的白茶氨基酸含量为6.25%~9%，是普通绿茶的2倍。泡制后，其形如凤羽，色如玉霜，喝起来鲜爽度更高，有花香味，口感醇厚。这几年，为保护、开发好溧阳白茶资源，溧阳在尝试技术、模式、业态等创新，成立了溧阳天目湖茶叶研究所，收集其他地区优秀茶树品种资源对本地白茶进行改良创新，培育适合溧阳的优质高产品种，同时通过政策引导，鼓励民间资本投身技术创新，积极打造"溧阳白茶"品牌，提升产业开发力度，寻求小茶叶到大茶业的转型之路。

在溧阳白茶资源的保护与利用过程中，探索出一条以优质资源为基础、技术改良为动力、品牌经营创效益的创新道路。溧阳白茶从20世纪90年代初在天目湖周边的零散分布到规模化、产业化生产以来，形成了绿色、有机栽培以及清洁化加工等一整套溧阳特色的白茶栽培、加工技术，制定了《江苏省白茶地方标准》等标准。溧阳市的天目湖白茶被农业农村部认定为有机茶生产基地。为了解决溧阳地区茶叶分散经营，难以积聚做大、做强、做响的弊病，溧阳市政府在加强溧阳白茶资源保护与开发的基础上，2017年组建了天目湖白茶科技有限公司，整合白茶产业优势资源，统一使用"天目湖"白茶商标、白茶包装、生产技术标准、质量等级标准、市场销售价格、广告宣传，从丰富外延、挖掘内涵着手实施品牌战略培育工程。此外，溧阳市在茶业资源的产业化发展上，一方面不断提高工艺水平，提升茶叶品质，开拓适合大众市场的中端白茶，另一方面开发新产品，拉长销售时间，针对白茶保鲜期短的局限，延长采摘期制作红茶。比如，开发了白叶红茶、炒青等品种，形成满足市场需要的多品类、高中低端产品分布合理的多元化种植和经营的格局。

重品质、重品牌，让溧阳特色的白茶名片"从有到优"。技术上规范到位，标准上严格把关，溧阳白茶获得了社会各界的认可。溧阳白茶曾走进人民大会堂，并作为APEC杭州峰会的礼品赠送各国政要。"溧阳白茶"成了响当当的中国名片。

溧阳白茶茶园

供稿：江苏省溧阳市种子管理站　徐春松　潘俊华　袁秀英

　　　江苏省农业科学院　王伟明　潘宝贵　颜伟　李华勇　刘剑光　张建丽

　　　贾新平　顾磊

三、人物事迹篇

（一）梨种质资源保护者许瑞杰

谈到奉献，我们自然会联想到革命年代为民族独立抛头颅、洒热血的先烈们，峥嵘岁月为国家富强舍小家、献青春的先辈们。但现实里更多的是简单而朴实的奉献，没有豪言壮语，没有惊天动地，却能不经意间叩进心门、触及灵魂。第三次全国种质资源收集时，我们就被一位"替共产党办事，从来不收钱"的梨种质资源保护者——江苏省睢宁县王集镇南许村许瑞杰老人的精神所感动。

1. 无私奉献，捐出毕生珍藏

在睢宁县种子管理站惠鹏站长带领下，我们调查采集组一行兴致盎然地驱车前往许瑞杰老人的梨园。到达目的地，大家被眼前场景所吸引，"叹问陶潜今在否？梨庄可比梦桃园"。一眼望去，约300亩*梨园硕果累累，十分壮观。不同品种的梨树琳琅满目、婀娜多姿，布局科学有序、错落有致；体态颜色各异的果实挂满枝头，藏在枝叶间若隐若现，随微风摇曳，如繁星熠熠生辉，如顽童嬉戏打闹。

我们在梨园门口见到许瑞杰老人。他两鬓斑白、饱经风霜，身材瘦小，却显得精明强干，目光如炬，炯炯有神；他身着短袖衬衣，衬角掖进裤子，头戴窄沿遮阳帽，朴实且不失新潮；说起话来，声音洪亮干脆，似乎能穿透整个梨园。见到我们，他便迫不及待地引导大家参观他的私人"种质资源圃"，如数家珍地介绍每个品种的果实形状、梗洼广度、萼洼深度、果锈、石细胞、风味等重要性状和主要特点。在许瑞杰老人的全力帮助和支持下，我们圆满完成收集任务，收获了"硬枝青""麻搓""绵包梨"等稀有珍贵的地方梨老品种。

收集结束，我们准备把样品采集费给他，他手一摆，说："你们是为党和国家收集资源的。能够通过你们，把这些梨资源捐给国家，让它们发挥更大价值，我很开心。替共产党办事，我从来不收钱。这些钱是不能收的。"

---

* 15亩=1hm^2。全书同

2. 因梨脱贫，感激党的恩情

老人语气平缓自然，不带任何雕饰。如果说，我们之前的好感来源于老人对年轻心态的保持、对整个梨园的呵护、对梨树资源的保护，但"替共产党办事，从来不收钱"这句话深深触动了我们的灵魂。大家敬佩他对党和国家的诚挚热爱，对农村农业建设事业的无私奉献，这种情感不是空话白话，而是真实地写在梨园土地上。感动之余，我们了解到老果农那份感激之情的由来。

老人小时候，南许村是远近闻名的贫困村，许多人家吃了上顿没下顿。1963年，人民公社派2名干部带着农作物资源和种植技术到村里，帮助村民脱贫致富。在驻村干部的指导下，他们把免费领取的20棵梨树全部种进园子，同时也种下了对幸福生活的追求。当时小小的他，便把党、国家和梨树与幸福联系到一起。时光荏苒，树苗渐渐长大了，种植规模也逐渐扩大，他们的日子越来越好。

后来，许瑞杰参军入伍报效国家。服役期届满，他主动把留队的机会让给更有需要的老乡，自己返乡接过父母手中的梨园，继续种梨事业。在党和政府的关心帮助下，他勤奋学习，刻苦钻研梨种植技术，很快成为远近闻名的种梨能手。他种出来的梨，又大又甜又多汁，一个足有1kg。最好的年头，1亩地能挣6 000元。1982年，他开始帮人修剪梨树，方圆15km的人都慕名来找他，但他从不收一分钱。即使农忙时候，他对老乡的请求也是有求必应，每次都放下家中的活先帮别人修剪梨树。老人说："我的人生因梨而改变，而这一切都是共产党给予的。我真心感谢党和政府，想尽自己所能为党、为社会、为乡亲们做点贡献。"

3. 痴爱梨树，悉心保存资源

许瑞杰老人对梨种质资源的有意识保存，源自对梨深深的热爱。几十年里，他每天都要到梨园走走，看看自己的宝贝们。要是哪天没去，就浑身发痒，甭提多难受。老伴儿亲切地喊他"梨痴"，他很中意这个称呼，笑着得意地说，与梨为伴，其乐融融。为了丰富和改良品种，他始终密切关注梨产业的最新动态，通过林业局、其他果农等多种渠道引进新品种。慢慢地，园内的梨品种也从刚开始的几个发展到十几个、几十个，其中还不乏日本的"丰水""黄冠""秋月"等品种。

虽然有的梨因为自身品种老化、现代新栽培品种的冲击等原因，产量较少、口感不佳，但出于对梨的热爱，他一直将这些品种保留在园中。前几年，梨价格跌到一两毛钱都难以售出，许多果农将梨树换成其他果树，而他却没有。他常说，这是当年政府为了帮助老乡们脱贫种的，非常珍贵，不舍得砍掉。得益于他对梨的热爱和坚持，我们才能在今天收集到如此珍贵的老品种。

采集任务完成后不久，许瑞杰老人在无锡出了交通事故，身体机能受到重创，行动变得不便。不得已，他将梨园低价租给别人，前提是"必须照料好梨树，不许砍掉一棵梨树"。"要不是那趟事故，我现在还会坚持种下去"，老人的语气中，充满了无奈和遗憾。虽然不能再自己种梨了，他还会每天在老伴的陪同下去梨园看看。

在种质资源收集行动中，能遇到许瑞杰老人，是我们的荣幸。他用行动诠释了信仰、坚持与奉献的真谛，为我们上了生动一课。老人是众多普通果农的代表，因为有他们对党的信仰和对事业的执著，国家种质资源管理事业才有长足发展的厚实基础。这片梨园，融入了老人的精神，成为一座信仰的丰碑，进入工作人员的心，净化着每个人的灵魂。

在淳朴的果农们眼中，我们不单是农业科技工作者，更是党和政府的代表，是实现美好生活的希望。为此，我们应该认识到自己肩上沉甸甸的责任和担子，始终把为人民谋幸福放在首位，坚持以人民为中心，不忘初心、继续前行，把优质资源和先进技术送进千家万户，与广大果农朋友们一起为美好生活而努力奋斗！

梨树资源保护者许瑞杰　　　　　　　　　　　　许瑞杰老人在修剪梨树

供稿：江苏省农业科学院果树研究所　严娟
江苏省睢宁县种子管理站　　惠鹏

（二）默默坚守，带伤坚持普查的吴林兰

2016年6月，江苏省金湖县切实按照农业部和江苏省农业委员会统一部署，及时启动第三次全国农作物种质资源普查与征集行动。普查与征集工作得到了各级领导、机关单位、社会各界的大力支持以及热爱种质资源收集人士的关心、帮助和热情参与。特别是担任普查工作的同志们特别能吃苦，特别能战斗，他们对普查岗位上的平凡工作充满热情，默默坚守，无私奉献。历经半年，金湖县高质量高效率地完成普查任务。涌现了许多像吴林兰一样的先进工作者。

吴林兰，高级农艺师，担任金湖县普查工作办公室主任。自第三次普查工作启动就义不容辞地挑起普查的重担，以耐心细致的工作作风和吃苦耐劳的奉献精神为普查工作做出了积极的贡献。

1. 积极主动，勇挑重担

在普查收集行动开始，吴林兰主动牵头起草《"农作物种质资源普查与收集行动"实施方案》和《关于成立金湖县"第三次全国农作物种质资源普查与收集行动"领导小组的通知》（金农发〔2016〕96号文件），使本次普查工作职责明确，做到任务有人领，工作有人担，关键是工作有思路，行动有方向，任务更明确，技术操作更规范。在此基础上精心组织培训班、协调开展农作物种质资源普查与征集的组织协调、工作进展，不失时机开展宣传工作，参与制定金湖县农作物种质资源普查与收集行动技术路线。她主动参与了从目标任务制定分解，组建普查与征集队伍，参加培训及组织培训，调查三个时间节点普查基本情况，种质资源采集、图文组合制作以及后期提供材料和样品到江苏省种子站及江苏省农业科学院保存的几乎全过程。由于她高度的责任心，与成员单位高度融合，顺利掌握普查第一手真实资料。吴林兰在整个行动中既是指挥员又是战斗员，把各种好的想法变成了实际做法。

2. 认真学习，精通业务

面对全新工作，没有现成的人教，没有经验可以借鉴，吴林兰为了提高工作能力和业务水平，积极参加省普查业务培训，并从网上下载大量普查资料参考学习，对各项政策性文件、"第三次全国农作物种质资源普查与收集行动"项目办公室编制的技术规范进行反复研读，并把技术规范性资料、普查表、征集表及填写要求都打印装订成册对照反复学习，不懂之处及时向上级业务部门和相关技术单位请教。做到不懂不罢休，不会不收手，对应该掌握的内容做到印象深刻，确保对金湖县种质资源普查人员进行的技术培训扎实有效。

3. 忠实履行职责，高标准严要求，轻伤不下火线

在普查收集行动中，始终坚持质量第一的原则，确保普查原始数据真实与客观，反映历史事实。吴林兰和普查工作的同志们积极深入到第一线开展工作，一起顶烈日、战酷暑，斗蚊虫，雨天当晴天干，两天事情一天干，白天一身汗，回来一身泥，起早摸黑，放弃了多少休息日，付出了艰辛的努力，甚至负伤了也要坚持在普查第一线。

2016年8月下旬正是金湖县普查工作进行得如火如荼的时候，由于一次小意外，造成了吴林兰不能下地走路，可是，心里惦记着普查工作的她，硬是在休息两天后带伤坚持下乡工作，收集种质资源信息，征集种质资源。因为行走不便，在下车时用手撑着车门，同行下车顺手关车门狠狠地夹住了她的手指头，十指连心，痛得她浑身渗透汗水。经过一番手忙脚乱地简单处理后普查收集工作正常进行，她忍不住自我解嘲说真是祸不单行啊。那些天，连吃饭、走路、睡觉都不方便，但是她一直坚持没有离开资源征集现场，因为总是有一个声音在告诉她："我是普查队员，我是普查办公室主任，我不在一线怎么能知道普查情况和征集进展，怎么了解征集资源的质量和调查成果，我既是普查工作的执行者也是普查工作协调员。"指甲两个月后完全脱落长出新的指甲，同时普查工作也取得了初步的成果。拍摄到了不同作物不同生育期有价值的生境照片200多张，完整记录并整理金湖县第三次种质资源普查的所有相关材料，收集整理归档。

付出有回报，2016年普查工作在金湖县取得了阶段性的成果，了解到了金湖县种植的优秀品种，了解了不同时期资源变化情况，查清了种质资源分布情况，了解了经济、人口、自然资源变化对农作物种质资源影响、消长情况及变化原因等，征集到包括野生山药、赖葡萄、枣树、菰米等33种优质种质资源，并将整理好的完整普查、征集资料第一时

间上报上级部门。由于工作扎实，不断加快收集进度，确保了项目的高效运转，使金湖县成为江苏省第一家完整上报所有普查资料的普查县，所做工作获得各级领导充分肯定。

| 普查员吴林兰与赖葡萄生境照片 | 吴林兰与队友在采集种质资源——野生香瓜种子 |

供稿：江苏省金湖县种子管理站　吴林兰　郭兆飞

（三）种质资源保护的践行者周世昌

江苏省仪征市地处江苏宁镇扬丘陵地区，地貌多样，雨量充沛，光照充足，气候温暖，作物种类多样，资源类型丰富，粮食作物、经济作物、蔬菜作物、油料作物和其他特色作物均有种植。鉴于此，仪征市被遴选为江苏省第三次农作物种质资源普查与收集工作的调查县。在仪征进行农作物种质资源普查与收集，尤其是对具有地方特色的品种资源进行保护性发掘，是江苏省农作物种质资源普查与收集的需要，也是种质资源第三调查队义不容辞的责任。

以张洁夫为组长的江苏省农业科学院种质资源第三调查队，在仪征市种子管理站戚桂禄站长的协助下，调查队成员承受山间蚊虫叮咬，克服乡间小道泥泞，走乡村、访农户、穿山林、察农地，按照资源收集流程和要求，历时3年，先后登记了128份特色作物资源信息。

在资源采集中我们认识了周世昌老人。

1.周世昌老人的资源情怀

在仪征铜山办事处铜山村一处老式平房里，我们见到一位饱经风霜的老者。初次见面给人的第一印象，他是一位普普通通的农民，长年累月的田间劳作带给他的是布满皱纹的脸庞，传统朴素的衣着，削瘦微驼的身影，我们怎么也不可能把这位老者与作物种质资源保存工作联系起来。

仪征市种子管理站戚桂禄站长向老人介绍了我们的来意，尽管他们用本地土语交流，但我们从老者黝黑的脸上不难发现，老者很是高兴，似乎有很多话要说。老者带着我们一行人先到他那已经废弃的老屋里，在一面白墙上，挂满了五颜六色的塑料方便袋，方便袋里有很多用纸包裹的东西。"这些都是我几十年来收集和种植的蔬菜种子，有30多份，我每年都种"，老者驻足在白墙边，不时地向我们诉说那蔬菜种子的故事。我们简直难以置信，在这昏暗的乡下老式旧房里，居然有这么多值得收集的资源材料。从老式旧房出来，就可以看到老先生经营多年的菜园。他如数家珍地向我们介绍各种蔬菜的品名、来历和特色，从老者自豪的眼神和话语中，我们受到极大的鼓舞。这位老者不普通，保存的资源也不普通，这是我们每一位调查队成员的共同感觉。

进一步交流中我们了解到，这位老者名叫周世昌，出生于1937年，已经82岁高龄了，但身体硬朗，腿脚灵活，还能力所能及地从事农业生产劳动，尤其喜欢收集保存当地稀有的蔬菜种质资源。周老先生年轻时参过军，在部队里学习过医学知识和化学专业的一些课程，退伍后在仪征林场工作直至退休。林场工作期间他又自学了农业科技知识，对农作物资源概念、蔬菜种子的繁育技术、防杂保纯技术等都有一定的了解。"这些蔬菜种子是我母亲传给我的，而我母亲又是从她父亲手上传下来的，你们知道吗？我母亲还健在，今年已经103岁了，身体不错，还能穿针引线"。据此推算，这些蔬菜种植年限应该在80年以上。是啊，周老先生从事收集和保护资源不仅是兴趣所在，更是资源情怀所致。

除了蔬菜，周世昌老人还收集小棒型糯玉米、瓜类、油料作物和果树。此次资源普查中，我们收集到的江苏唯一猕猴桃资源就是周世昌老人20世纪60年代从四川引种的。

2. 周世昌老人的资源义举

看了菜园，听了周老先生的介绍，我们兴奋不已，带队的仪征市种子管理站的同志们也欣慰无比，因为他们完全不必担心仪征有没有这么多值得收集的种质特色资源这个问题啦。找个农家小院，再配几张小凳子，我们一行人互有分工，有的询问信息，有的观察登记性状，有的拍照留影像，有的整理分类，有的撰写标签编号。周老先生时而接受我们的询问，时而介绍情况，时而又回到他熟悉的地方拿取资源材料，尽管大家忙得不亦乐乎，但此情此景再忙也心甘情愿。通过整理，我们从周世昌老人这儿共收集包括蔬菜、粮食、豆类和果树资源57份。其中，蔬菜38份、粮食作物6份、油料作物4份、瓜类资源7份、果树资源2份。

周世昌老人对农业科技知识有不少了解，对种质资源保存有很多"土办法"。他把小棒型糯玉米资源挂在二楼走廊的梁柱上，通风干燥，保存效果很好。在蔬菜种植中，他发现有些蔬菜品种在植株外形、种子颜色上有分离，他就分开种植。有些蔬菜是异花作物，他知道种在一起会串粉，就有意种在距离较远的2个地方。他还了解一些作物的药用价值或保健功能，如地方资源白米豇对治疗受凉寒气和肺气肿有一定的辅助效果。对于甘薯等资源材料，周老先生自创了简易温室保存法。没有他的执着，没有他的义举，何来今天我们可以收集的资源。

值得尊敬的还有，周世昌老人退休以后一直钟情于繁殖保存他多年来收集的各种种质资源，种植所有资源的费用都来源于他的退休工资，而且儿女们都给予支持。周世昌老先生的资源保护举动全凭他的满腔热情，全凭他默默无闻的辛勤劳作，全凭他那份种质资源情怀和资源义举。周世昌，千千万万个农民中的一员，憨厚朴实，内心善良，他是值得我们尊敬的中国农民的代表。

　　我国分别于1956—1957年、1979—1983年对农作物种质资源进行了两次全国性的普查和收集保护，取得了明显成效。第二次资源普查至今已有30多年，随着气候、自然环境、种植业结构和土地经营方式的变化，特别是城镇化、工业化和现代化进程的加速发展，大量的地方品种逐渐消失，开展第三次农作物种质资源普查与收集工作，查清我国农作物种质资源家底，加强对珍稀、濒危地方品种资源的抢救性保护，是新时代农业赖以可持续发展的战略举措。我们庆幸遇到了周世昌老人，也非常感谢他为我国资源收集保护工作所做的默默贡献。

　　中国要强，农业必须强，种质资源的普查与收集工作，正是促进农业生态发展和质量发展的基础性长期性工作。种质资源的保护需要有周世昌这样的人。

　　衷心祝福周世昌老人，愿他健康长寿。

调查队员与周世昌老人座谈

供稿：江苏省农业科学院　陈志德　张洁夫　宋波

钱亚明　贾赵东　方先文　王晓东

（四）寻找"老种子"，留住家乡味的周群喜

　　改革开放以来，我国经济快速发展，农村改革取得了巨大成就，农业生产、农村面貌、农民生活都发生了翻天覆地的变化，消费者餐桌上的"菜篮子""果盘子"日益丰富，这既是农业科技创新发展的贡献，也离不开我国农作物种质资源丰富的"宝库"。然而，随着现代改良品种的推广利用，一些人们记忆中具有浓浓地方特色的"老味道"农作物品种却在逐渐遗失，并且遗失的速度明显加快。

　　农作物种质资源普查与收集是一项功在当代、利在千秋的工作，这次行动可查清我国农作物种质资源的家底，保护作物种质资源的多样性，并从中挖掘利用有用的重要资源造福人类。但要想把农作物种质资源普查与收集工作做好并不容易，走村入户、踏田调查、野外搜索、追根溯源……去搜寻、去收集、去查证，这些工作必不可少，需要依靠广大基层农业工作者投入大量的时间、精力、脑力和体力，不仅要有丰富的工作经验和专业积累，更需要一种执著的奉献精神。今年59岁的江苏省东台市种子管理站周群喜（时任站长，推广研究员）是这群"奉献者"中的普通一员，用他自己的话讲："这是我们这一代种子人的责任和担当。"

1. 责任：守住地方特色的家乡韵味

为了顺利推进"第三次全国农作物种质资源普查与收集行动"工作，东台市农业委员会牵头成立了东台市农作物种质资源普查与收集行动领导小组和普查工作组团队。其中，领导小组下设办公室，办公室设在东台市种子管理站，周群喜兼任领导小组办公室主任、工作组副组长。

周群喜说："我们这一代农业人如果再不重视和收集本地土品种、老品种，这些宝贵的种质资源将可能逐步丢失。因此，农作物种质资源普查与收集意义重大，这项工作再苦再累也要做。这些种质资源收集起来，交由国家种质资源库统一保存，依靠我国的科技力量进行传承、利用和创新，老资源会发挥新作用，必将持续造福人类。"

东台市位于江苏省沿海中部，是"董永和七仙女"爱情传说之地，被誉为"黄海明珠"，北宋诗人范仲淹用"秋天响亮惟闻鹤，夜海朦胧每见珠"来形容东台的海岸风景。东台是江苏省最大的市（县），面积3 176km²，这里有着丰富的农作物种质资源，"东台西瓜"更是一张全国闻名的名片，是我国第一个获准具有地理标志的国家注册的瓜类产品。东台目前是江苏最大的西瓜生产基地，全国闻名的"西瓜之乡"。

但在周群喜的记忆里，小时候"西瓜之乡"的"瓜味"却在消失。"我小时候吃过一种西瓜，圆圆的，青黑的瓜皮，沙瓤瓜肉、甜而不腻，可惜现在找不到了。还有很多小时候吃过的甜瓜，也越来越少了。"周群喜说，随着农村经济的发展以及劳动力转移，土地流转速度加快，传统耕作制度和栽培方式都发生了很大的变化，经营者在品种的利用上更是发生了变化，他们追求的是规模效益，瓜果蔬菜更倾向于产量高、耐储存、耐运输的品种，加之农村老年人逐渐丧失劳动能力，原有一些口感好、品质优、具有地方特点和优良特性的老品种逐渐淡出了人们的视野，很多人都说"没有'小时候'的味道了"，这些老品种没有被作为种质资源保存下来，十分可惜。

周群喜把"找回更多的老品种"作为自己身为农业工作者的一种责任，也有对守住家乡韵味的一种责任和担当。中国人对于家和故乡的情感非常浓烈，而代表"家"的味道，很可能就是那份记忆中的家乡土特产。因此，周群喜对这个责任看得很重，这也是新时代、新担当、新作为的一种体现。他说收集更多的老品种、老种子、老味道，往大了说是保持了生物资源多样性，造福人类；对于家乡的贡献来说，就是守住了家乡的味道。如果让这些"老味道"在我们这代人手上丢失，那就是罪过。而且，随着乡村振兴的深入推进，这些老品种、老种子在促进"一镇一特""一村一品"发展上具有很大的潜在优势，尤其是对于乡村采摘旅游等新兴农业发展，这些口感好、品质优的老品种味道应该能更好地把人留住。

2. 担当："一懂两爱"的干事态度

习近平总书记在党的十九大报告中，明确提出要实施乡村振兴战略，培养造就一批懂农业、爱农村、爱农民的"三农"工作队伍。"一懂两爱"完整地描绘了新时代"三农"工作队伍的基本能力素养要求：只有懂农业，才能对农业事业有认同感；只有爱农村，才能对农村有归属感；只有爱农民，才能对农民有亲近感，长期服务农村，全力发展农业，造福农民。

开展农作物种质资源普查与收集工作也需要"一懂两爱"的"三农"工作者。周群喜自1981年参加工作以来，一直在基层从事农业技术推广工作，非常"懂农业"。他当过农作物病虫害测报员，干过农业执法，2003年东台市组建新种子管理站后，他就与农作物种质资源结下了深深的缘分。

在同事的眼中，周群喜不仅工作能力强，干什么事特别认真，并且任劳任怨，工作成绩更是十分出色。在1998年全省首次农作物病虫测报员评选中，周群喜是全省13个一流测报员之一；他是第六届江苏省农作物品种审定委员会专家库专家；在农业执法和种子管理工作中，他多次获得了省、市业务主管部门的先进工作者称号；工作至今，周群喜发表以及参与的论文有118篇，参与的茄果类蔬菜特色品种选育与产业化等项目获得过农业部农业技术推广奖和丰收奖，多项研究成果获得过省级、市级科技进步奖和江苏省农业丰收奖。对此，周群喜的回应是：工作就是要有责任心，干一行、爱一行，才能把工作做好。

开展农作物种质资源普查与收集工作更需要"爱农村""爱农民"。"爱农村"才能经常下乡调研，清楚地知道农作物种质资源分布情况；"爱农民"才能进村入户，更好地与农民沟通交流，才能找到老乡放在旮旯儿的老品种。在以周群喜为主要负责人的普查工作组团队带领下，东台市通过"县、乡、村三级联合"的方式，用1年多的时间就走访了14个镇、180多个村、1 100多户，完成征集有效种质资源114份。其中，作为普查县征集的种质资源有38份，包括35个地方特色农家种质资源，3个野生资源。按作物学科分为6科15种：葫芦科种质资源22份，分别是水瓜4个、香瓜4个、梢瓜1个、冬瓜3个、南瓜5个、丝瓜2个、笋瓜2个、吊瓜1个；豆科种质资源6份，分别是扁豆4个、豇豆1个、大豆1个；十字花科作物7份，分别是白梗菜1个、雪里蕻1个、百合头青菜1个、萝卜3个、野麻菜1个；酢浆草科牧草资源1份；茄科种质资源1份；伞形科水芹种质资源1份。

东台市种子管理站主持工作的副站长林红梅表示，开展农作物种质资源普查与收集工作除了勤快，更需要很多经验和技巧。这个任务如果交给她或者让年轻人带队去做，肯定做得没有这么好。年轻人经验不够，关键是不晓得"家乡的味道"，没有方向，到了乡村田间也就找不到北了，更何况有些资源藏在荒郊野外，年轻人即使看到也不认识。而且很多老品种都是七八十岁的老农收藏着，没有与农民的亲近感，不懂交流，挖掘不出有价值的信息和资源。有几次在农户家庭院和田间地头转悠，他们这些调查队员甚至还被农民当成了"踩点"的小偷。

"农民其实是很淳朴的，把工作做到位、解释到位，大家都很理解。资源普查和收集工作，发动农民群众的作用很重要，我们也遇到田间看不到的，有农民甚至把家里保存的老种子找出来送给我们的情况。"，周群喜说。东台镇梁洼村80岁的老太太曹云英就亲自把他们领到自家的自留地，她种的青皮水瓜已经记不清种了多少年了，只知道家里人喜欢吃就留着，平时也送给左邻右舍。由于2016年发生雨涝灾害，当时就剩2棵瓜苗，调查人员请曹云英老人务必留些种子给他们，老人憨厚地笑笑说："没想到这个还有用处。"

3. 作为：分享更多农业成果的"甜味"

这次农作物种质资源普查与收集，让周群喜等人也收集到了不少优质资源。比如，明朝皇帝爱吃的"贡豆"；东台人喜爱的、有"腊月青菜赛羊肉"美誉的"东台百合头青菜"（小白菜）；树形矮化、病虫害少、丰产优质的"新街小方柿"等。这些资源，目前被东台市纳入了"十大特色农产品"之中，东台种子站抓住国家农作物资源普查契机，围绕地方特色资源做文章，加快地方特色品种资源的开发利用，保用结合带动地方特色经济发展，促进农民增收。

如果把这些资源很好地开发利用，将能为农民带来更多的财富，分享更多农业成果的"甜味"。这就需要农业工作者在收集资源的同时，更要善于思考、善于总结、善于创新，周群喜等成功利用甜叶菊资源，筛选出新品种，促进东台市甜叶菊的产业开发，这就是很好的成功事例。

甜叶菊是一种拥有低热量、高甜度的天然甜味剂植物，原产于南美巴拉圭和巴西交界的高山草地。自1977年我国引进种植以来，江苏、安徽、山东、福建、湖南、云南、河北、陕西、甘肃、黑龙江、新疆等地先后引进栽培。东台地区种植甜叶菊已有40年历史，最早的种植品种是从日本引进的，存在抗逆性差、产量低、综合性状差等问题，而且随着栽培时间的延长，品种性状退化十分明显。在东台市种子管理站周群喜等人的攻关下，从原有的老品种中成功选育出了品质好、产量高、抗逆性强、糖苷含量高的甜叶菊新品种"江甜1号""江甜2号"，并通过了江苏省农作物品种审定委员会鉴定。同时，他们在认真调研、反复试验示范的基础上建立了相应的高产栽培技术体系，近几年来这两个高产优品质品种及其配套技术已在甜叶菊生产中得到了广泛的推广和应用，菊农每亩增收2 000～3 000元，为全面提升我国甜菊生产水平发挥了积极作用。

历史在传承中发展，事业在传承中扩大，新一代种子人接过时代的接力棒。"一懂两爱"的奉献精神就是农村工作者心中的"老种子"，林红梅如是说一定要让宝贵的"老种子"焕发出时代的新光彩。

茫茫滩涂上的"搜索客"周群喜（中）

东台种质资源调查的"好向导"周群喜（左2）

供稿：江苏省农业科学院　潘宝贵　颜伟　顾磊　李华勇

刘剑光　张建丽　贾新平　王伟明

四、经验总结篇

（一）寻种求源广收集，辨特甄老细普查
——记东台市农作物种质资源普查与收集工作

"春种一粒粟，秋收万颗籽"，农以种为先。东台地处江苏中部平原，自然资源优越，文化历史悠久，为良渚文化发源地，考古发现，4 000～5 000年前该地就孕育出稻谷和其他植物种子，沧海桑田，种子传承，如今植物资源有300多种，除人工种植的大宗植物外，在沿海遍布大量的野生植物，其中药用植物达100多种。

近年来，随着新品种的不断引进开发和土地流转的加快，有的传统特色品种濒危，为充分挖掘和保护地方特色品种，让优质的种质资源保留传承并焕发新容光，东台市深入贯彻落实《全国农作物种质资源保护与利用中长期发展规划》，根据江苏省农业委员会统一部署，从2016年开始，深入开展了第三次全国农作物种质资源普查与收集工作，共成功收集了农作物种质资源114份，圆满完成了农作物种质资源的普查、调查和收集任务。

1. 健全普查组织，加强团队协作

种质资源普查与收集工作面广量大，专业性强，东台市种子站积极争取领导支持，整合资源力量，加大组织推进。一是成立了由东台市农业委员会主任任组长，市农业委员会副主任任副组长，市农业委员会财务科、监察室、农业科、种子站、蔬菜站、作栽站、江苏中禾种业有限公司、市蔬菜所等单位负责人为成员的东台市农作物种质资源普查与征集行动领导小组，全面负责东台市农作物种质资源普查与收集行动的协调与监督管理。领导小组下设办公室，办公室设在市种子管理站，具体负责第三次全国农作物种质资源普查与收集日常工作。二是整合骨干力量，成立了由专业技术人员组成的普查团队，由东台市种子管理站具体负责实施种质资源普查与征集工作，东台市蔬菜站、市作栽站、江苏省中禾种业有限公司、东台市蔬菜所和各镇农业技术推广综合服务中心各派1～2名技术人员协助普查和征集。三是按照第三次全国农作物种质资源普查与收集行动

专项管理办法，加强了人员、财务、物资、资源和信息等的规范管理，按照资金管理办法，严格把控经费预算、使用范围、支付方式、运转程序和责任主体等，确保专款专用和专项专用，项目资料和任务完成情况按要求进行上报和审计。

2. 突出多种宣传，增强保护意识

农作物种质资源是农业科技原始创新、现代种业发展的物质基础，是保障食品安全、建设生态文明、支撑农业可持续发展的战略性资源。此次农作物种质资源普查和收集行动，通过媒体、培训会、座谈会、走访等多种形式加强了宣传发动，进一步增强了地方特色种质资源的保护意识。一是采用简报、报纸、网络等多方面多渠道加强宣传发动，先后在盐城农业信息网、东台日报、东台农业信息网各类媒体报道5次，同时，召开培训会议1次，为种植资源普查与收集工作造势。二是召开座谈会，咨询农业战线老专家、老同志，请他们献计献策。同时，普查人员深入到全市1 100户家中普查，与老农交心，交朋友，宣传和调查农作物种质资源。三是组织培训学习，组织普查团队工作人员及镇、村农技人员，学习《农作物种质资源普查技术规范》，确保普查和收集的种质资源的数量和质量。

3. 多方查阅资料，全面普查收集

为了确保普查数据和收集种质资源的准确性、全面性，东台市种子站充分发挥老、中、青团队协作作用，广泛开展普查收集工作。一是比对数据求真。查阅了《东台市志》（1994年7月1日）、《东台县农业统计资料》（1949—1980）、《东台市四十年统计资料》（1949—1988）、《东台县国民经济统计资料》（1981）、《奋斗的历程》——农业学大寨、大跃进、农业科技革命、耕作制度改革（1980）、《东台市统计年鉴》（2015）、《东台年鉴》（2015）等相关资料，比对各资料之间差异，去伪存真，核对查实东台市境内各类作物的种植历史、栽培制度、品种更替、社会经济和环境变化，以及重要作物的野生近缘植物种类、地理分布、生态环境和濒危状况等重要信息。二是悉心走村访户。全面普查了14个镇180个村，深入到田间地头，房前屋后，访问当地农技人员、乡村干部、农民和专业种植大户。三是点面结合，重点收集。采取"县、乡、村三级联合"的方式，由市种子站工作人员牵头，乡镇工作人员带领，按作物生长的时间节点，重点走访了东台镇的梁洼村、三灶村、普新村、灶南村、汪舍村，新街镇的陈文村、堤东村，安丰镇的下灶村、大港村，弶港镇农场（海港农业公司），唐洋镇的新元村、张灶村，富安镇的龙港村，溱东镇的高桥村，时堰镇的新稽村等8个镇15个村，收获种质资源合计114份，其中，作为普查县收集种质资源35份，作为调查县协助农业科学院调查组收集种质资源79份。

4. 坚持系统分类，加大开发利用

东台市种质资源具有种类繁多、特色明显、区域显著三大特点，在此次普查和收集中，普查团队以高度负责的事业心及时汇总整理调查成果和各类资料，在《中国种业》上发表相关文章3篇，在简报上对优异的种质资源进行介绍3次，在东台日报上宣传发动了合理利用种质资源的先进典型。针对东台市的蔬菜种质资源种类多、品种杂、应

用不同的特点，东台市农业委员会分年度有计划地开展后续相关工作，对贡豆、百合头青菜、端午红萝卜、新街小方柿4个地方特色农产品进行品牌打造；对十棱香瓜、花皮水瓜、十棱水瓜等6个地方特色瓜品种开展提纯复壮和配套栽培技术研究，探索乡村旅游新兴采摘产业的发展模式；对露地白萝卜、绿扁豆等地方特色品种开展订单生产和产业化合作研究等，通过农民经纪人引导当地农户规模种植，发展"一镇一特""一村一品"，让地方特色品种与现代农业能更好地融合起来。

资源普查行动启动新闻

培训及座谈

采集资源现场

走访调查

资源普查成果宣传

供稿：江苏省东台市种子管理站　林红梅

（二）众人拾柴摸家底，与"种"同行护资源
——记盱眙县农作物种质资源普查与收集工作

盱眙，秦代置县、汉代建州，迄今已有2 200多年的悠久历史，地处开国总理周恩来家乡淮安市的最南端，人均面积居江苏各县之首，境内物产资源极为丰富。为掌握真实农作物种质资源数据，摸清农作物种质资源"家底"，给未来生物产业的发展提供源源不断的基因资源，盱眙县在第三次全国农作物种质资源普查和收集行动工作中坚定信心与决心，前期准备、普查采集、数据整理等各项工作环环紧扣、推进有序，取得了阶段性成果。

1. 主动应对，准备在前，全力迎接新的挑战

只有准备工作到位，才能保证工作有条不紊、有序进行。

首先，密织组织体系。正所谓"众人拾柴火焰高"，2016年7月15日，盱眙县农业委员会按照江苏省农业厅统一部署要求，成立了第三次全国农作物种质资源普查与收集行动工作领导小组，由县政府党组成员、副调研员、县农业委员会主任高伟森任组长，种子、林业、植物、耕地、作栽及财务等相关业务站所的主要负责人为成员，并制定了《盱眙县农作物种质资源普查工作实施方案》。领导小组下设办公室，挂靠盱眙县种子管理站，由种子站负责人任办公室主任，全面负责普查工作的组织实施，使普查工作有方案、有章可循、有据可依，充分保障了普查的进度与质量。

其次，完善普查资料。盱眙县稳步有序推进普查材料整理完善工作，力求尽善尽

美。一是全方位收集种质资源资料。盱眙县普查办同步发函并派员赴区划、气象、国土、统计、林业、教育、县志等部门，掌握行政区划、气象资料、民族分布、土地资源、统计年报、经济林产品生产、受教育情况以及县志资料等第一手资料。二是多层面核查普查资料。从涉及农作物种质资源资料的完整性入手，对收集到的种质资源等资料逐一查漏补缺、核对完善。三是分时间断面填写材料。按照1956年、1981年和2014年3个时间节点，认真仔细完整填写相关表格。

2. 宣传造势，培训助力，双轮驱动质的提升

种质资源普查是一项涉及面广的系统工程，不仅需要县镇村的聚合联动与配合，更需要社会的广泛理解和参与。

（1）宣传白热化。盱眙县因地制宜制定个性化宣传方案，依托横幅、电子滚动屏、盱眙农业网、盱眙县政府网站及纸质宣传品等载体，全方位、高密度为盱眙县农作物种质资源普查工作造势。2 000余份普查资料免费发放、城区最繁华地段LED电子大屏连续10天滚动播放、县乡农技直通车流动宣传、基层一线的生产技术人员和普通农民5次受邀"零距离"座谈，让普查工作开展事半功倍。

（2）培训成效显。为帮助普查员"充电换脑"，领会吃透表格填报精神，较快地掌握工作要求和要领，盱眙县多次召开业务培训会，先后培训县级调查人员13人、乡镇调查人员20人、相关参与人员43人。他们既当运动员，又当宣传员，发动当地群众广泛参与，先后共有180余人提供种质资源调查线索，为高质量完成登记填报夯实了基础。

3. 管理精细，运作规范，真抓实干，收获好的成效

盱眙县精准发力普查与收集，完善"五个到位"，保障工作推进有序，确保取得实质性成果。

（1）思想认识到位。盱眙县把农作物种质资源普查当作农业农村工作重中之重，抓紧抓实，及时动员部署、思想发动。江苏省农业科学院多次派人来盱指导，盱眙县领导小组全员认真学习文件精神，上下一心、齐抓共管，步调一致开展工作。

（2）普查人员到位。第一时间抽调13名县级农业工作者、20名乡镇农技推广人员，建成一支召之即来、来之即战的普查"劲旅"，迅速展开各项工作。

（3）管理制度到位。梳理细化普查工作步骤、流程和要求，量体裁衣制定《盱眙县农作物种质资源普查工作责任制度》等工作制度，用制度管人、靠制度管事，做到人员到岗、责任到人。

（4）资料收集到位。及时收集处理征集到的样品资料，对不同材质的标签按照塑料纸质分别填写、按规定放置，对征集到的样品及时贴好标签，对拍摄的图片进行编号、制作图文组合，数据汇总后及时填写普查表、征集表、及时存档。

（5）普查经费到位。强化项目管理，精细资金流向，明确经费预算、使用范围、支付方式、运转程序、责任主体，做到专款专用、合理支出、严格报销，确保把有限的10万元普查经费切实用在刀刃上，为工作顺利开展提供资金保障。

通过盱眙县普查人员对县域旧铺镇、天泉湖镇、河桥镇等九个村的品种收集、摸底

排查，盱眙县种子管理站与江苏省农业科学院第三调查队对盱眙县种质资源的收集整理登记，此次普查不仅掌握了盱眙县种植山核桃、葛藤、野生水芹等优质品种以及本地不同时期资源的变化情况，还查清了普查地区的农作物种质资源仍然保持丰富的多样性现状和分布，同时也对地方经济、人口、自然资源变化对农作物种质资源的影响、消长情况及变化原因等有了一定的了解，还征集到100多份具有特殊利用价值的作物种质资源，确保了资源不丧失，为盱眙县农业种质资源的收集保护和开发利用作出了重要贡献。

广泛宣传营造氛围

悉心查阅资料

翻山越岭寻找

紧密合作收集

供稿：江苏省盱眙县种子管理站　王书春

（三）留住老种子，延续新生命

——记睢宁县农作物种质资源普查与征集工作

睢宁县地处江苏省北部边缘地区，南北气候过渡地带，生态类型多样，农作物种类繁多。近年来，受气候、耕作制度和农业经营方式的变化，特别是城镇化、工业化和现代化快速发展的影响，导致大量地方品种迅速消失，作物野生近缘植物资源也因其赖以生存繁衍的栖息地遭受破坏而急剧减少。全面普查睢宁县农作物种质资源，抢救性收集和保护珍稀、濒危作物、野生种质资源和特色地方品种，对保护睢宁县农作物种质资源的多样性，维护农业可持续发展的生态资源环境具有重要意义。2016年根据江苏省农业委员会统一工作部署，在江苏省种子管理站、江苏省农业科学院指导下，睢宁县扎实开展了农作物种质资源普查与征集工作，完成了1956年、1981年和2014年3个时间节点上的普查表，填写了征集表20份。截至2018年11月，和江苏省农业科学院农作物种质资源第二调查队共同完成调查、登记和收集有价值的当地古老、珍稀、名优的农作物种质资源126份，圆满完成了农作物种质资源的普查、调查和收集任务。

1. 组建高素质的普查队伍是搞好农作物种质资源普查的关键

农作物种质资源普查涵盖作物种类多，涉及面广、专业性强、数据采集工作量大，要求高，必须调动各相关业务科室的专业技术骨干力量，才能保质保量地完成农作物种质资源普查收集工作。为此，睢宁县农业委员会抽调粮作、经作、果树、蚕桑、蔬菜等7个科室业务骨干为核心，18个镇（街道）农技中心为协作单位共同组成普查队伍。

2. 强化业务培训，提高普查能力

种质资源普查工作专业性强，对于普查队员来说，都是一次全新工作，要做好这项工作，必须培训出一批行家里手。普查队伍组建后，睢宁县农业委员会采用两种方法对普查队员进行业务培训：一是会议培训，详细讲解有关普查工作的要求。由睢宁县农业委员会种质资源普查与收集工作领导组组织召开全县18个镇（街道）农技人员和普查与收集业务组全体人员的普查与收集技术培训会，布置普查任务，详细讲授普查工作目标、普查内容以及普查与收集技术操作规范等，使普查队员充分认识到开展种质资源普查的重要意义，了解和掌握种质资源普查和收集的基本知识。二是现场实训，培训普查骨干。在种质资源普查工作大规模铺开前，普查队选择了种质资源相对丰富的镇作为普查与征集实训点，组织普查与征集业务骨干现场实训，明确普查与收集各阶段职责任务、落实到人，通过实训，业务骨干了解了普查与收集全过程，亲自体验并掌握普查与收集各个环节操作方法，加强对普查与收集技术规范理解，取得了实际经验，为全面开展普查与收集创造条件，为按时、优质、高效地完成普查任务，提供重要保障。

3. 科学的制定普查与收集实施方案是搞好普查与收集的决定性因素

种质资源普查与收集工作涉及面广、专业性强、工作量大，普查及收集实施效果主要取决于方案设计是否科学，组织是否有效，因此，如何科学编制普查与收集行动实施方案，有效组织实施，是提高普查与收集工作效率，保证普查与收集质量的关键。为此，在制定方案前，普查与收集实施小组分组赴镇、村进行走访调研，在大致掌握了全县农作物种质资源类型和分布情况的基础上，制定出切实可行的种质资源普查与收集实施方案。根据作物分类，制订详细的种质资源摸底调查表，会同农技中心主任及其相关人员深入5个重点镇村组、田间地头，走访调查摸底、甄别形成详细的种质资源分布、收集路线及镇村组具体联系人、联系电话等信息的汇总表，及时上报江苏省农业科学院种质资源调查与收集行动第二调查队。这些做法在种质资源调查与收集工作中能够有的放矢，少走弯路，确保调查工作高效、准确。

4. 工作细致，措施有效，保障有力是种质资源调查与收集工作高效的保障

江苏省第三次全国农作物种质资源调查与收集工作首站于8月16日在睢宁县启动。此时正值高温酷热的天气，睢宁县农作物种质资源普查与收集小组认真做好车辆、防暑降温、工作用餐等后勤保障工作，科学安排调查路线，合理调度，减少路途等待时间，每天和江苏省农业科学院第二调查队专家一行11人，早上7时出发，顶着烈日在35℃以上的高温下，克服蚊虫叮咬、高温中暑等因素，下午16时回来，全体队员集中到一起处理每天收集和调查的种质资源，网上录入调查表、征集表的数据和图片处理，研究解决种质资源调查中存在的问题，联系安排好第二天将要调查的镇村后，方可休息。这些做法确保了调查与收集工作的高效。

5. 协调有关部门通力协作，提高了普查工作效率和信息准确性

种质资源普查表涉及时间跨度长、面广、部门多，是一项系统工作，仅靠农业主管部门是完成不好的，必须依靠多个部门支持，才能取得圆满成功。此次普查需大量查阅档案、县志、农史、统计等相关资料，掌握这些信息都是重要的普查信息来源，这些部门的支持与协作，无疑将大大提高普查工作效率和信息准确性。为此，睢宁县农业委员会发函并派员到区划、气象、国土、统计、林业、教育、县志等部门，查阅睢宁县行政区划、气象资料、民族分布、土地资源、统计年报、受教育情况以及县志、农业志等资料，并组织召开了离退休老专家座谈会，综合以上信息，填写好3个时间节点的普查表。

6. 注重加强宣传引导，提升全社会参与农作物种质资源保护意识

截至2018年11月，和江苏省农业科学院农作物种质资源第二调查队共同完成调查、登记和收集有价值的当地古老、珍稀、名优的农作物种质资源126份。其中：粮食作物有玉米、荞麦、野生高粱、野生山药、爬豆等14个；经济作物有烟草、苘麻、野生蓖麻、红小豆、芝麻、花生、火麻等11个；瓜菜作物有苔干、野生花椒、狗牙蒜、野生菱角、野生芡实、野生菊芋、野生马泡瓜、圆茄、十孔藕、黄瓜、凹腰葫芦、苋菜、螺丝椒、搅瓜等61个；果类作物有野生柿子、梨、桃、枣、石榴、棠梨、红色泡酸等31个；桑类作物有柘树、野生桑树等2个；牧草类作物有田菁、野生大豆、黄花苜蓿、串叶松香草等5个；其他类作物有野生狗牙根和野生薄荷2个。此次搜集的种质资源，有珍贵稀有的柘树3棵，年代久远（100～400年）的柿树、枣树、梨树、石榴树，及可用作砧木的珍贵资源棠梨等。在调查的资源中，有些资源已经得到很好的保护、开发并形成了完整的制种销售链，如金丝搅瓜、苔干等；也有些资源濒临灭绝、亟待保护，如采石厂路旁窄叶的野桃树、珍稀的柘桑，拆迁区域古老的柿树，还有逐渐减少的独特十孔莲藕等。本次资源调查基本摸清了种质资源种类、分布、多样性及其消长状况等基本信息，也为日后保护睢宁县种质资源指明了方向。

为宣传种质资源普查与收集行动的重要意义和主要成果，提升全社会参与保护农作物种质资源多样性的意识和行动，确保此次普查与收集行动达到实效，切实推动农作物种质资源保护与利用可持续发展。睢宁县积极在《今日睢宁报》《第三次全国农作物种

质资源普查与收集行动简报》《睢宁新闻网》、睢宁电视台等新闻媒体宣传报道睢宁县
种质资源普查与收集工作动态及取得的主要成果，睢宁电视台全程跟踪报道，并制作了
"第三次全国农作物种质资源普查与收集行动"——留住"老种子"延续"新生命"专
题1部。

在江苏省第三次全国种质资源普查与征集行动中，睢宁县普查与征集行动小组与江
苏省农业科学院农作物种质资源第二调查队队员们团结协作，密切配合，任劳任怨，勤
勤恳恳，勇于创新，能吃苦，会操作，勤调度，善思考，工作扎实细致，精准推进，科
学地解决普查与收集工作中的难题，同时也吸引了淮安、连云港等兄弟县市派出专业人
员前来学习经验和做法。为江苏全省17个兄弟调查县后续调查摸索出成功的经验，减少
了种质资源收集时间，提高了工作效率，树立了标杆。

江苏省行动在睢宁启动

启动培训会

采集种质资源现场

走访调查

农业老专家座谈

查阅历史资料

睢宁电视台跟踪采访

悬挂条幅宣传

淮安、连云港等兄弟市县领导来睢宁县学习交流

供稿：江苏省睢宁县种子管理站　惠鹏

（四）志在千里，始于足下

—— 第三次全国农作物种质资源普查与收集行动经验分享

地方种质资源是在特定时期、特定环境条件下形成的一类种质资源，是在农业发展过程中经过长期驯化、选择和培育形成的，是生物进化与人类文明协同发展的共同结果。种质资源是农业科技原始创新、现代种业发展的物质基础，是传承农耕文明的重要载体。保护种质资源就是在保护人类文明的历史，为农业可持续发展保存前进的基因。随着我国社会经济的快速发展，农业生产方式、模式和经营主体正悄然发生变化，传统的一家一户的生产方式正逐渐被规模农业所替代。简单低效的人工劳作正被现代高效、专业生产所替代，机械化、智能化、专业化成为发展趋势。传统意义的农民正在慢慢退出，现代农业企业和职业化的产业工人将成为未来农业的主体。伴随人们对美好生活的向往，乡村建设的不断推进，传统农业的空间不断萎缩，地域特色明显的乡土品种生存范围日益狭小，伴随最后一批传统农民的离开，许多珍贵的地方种质资源正面临灭绝的风险，国家相关部门审时度势在我国全面推进建成小康社会的关键阶段，启动了"全国第三次农作物种质资源普查与收集行动"，开展了一场与时间赛跑、与发展赛跑的保护行动，抢救、收集和保护中国地方特色、珍稀、濒危种质资源，做好本次种质资源普查是义不容辞的责任。江苏省农业科学院从以下几个方面狠抓落实，力求成效，脚踏实地做好资源调查收集工作。

1. "功成必定有我"的历史担当

种质资源调查工作是一项系统工程，涉及多个部门，需要相互协调，强有力的组织领导是调查工作得以顺利开展的前提和保证。2016年接到任务后，江苏省农业科学院十分重视，成立了以院党委书记为组长的领导小组，院科研处、办公室、财务处等部门负责人作为组员，参与工作协调、落实实施方案，上下联动，指挥资源普查行动，督促项目进展。从各专业研究所抽调年富力强的科技骨干组建专业调查队，并由相关所长担任调查队队长。院普查工作领导小组组长常有宏书记在"行动"动员会上要求全体调查队员提高政治站位，要有"舍我其谁"的责任感，做好功在当代、利在千秋的资源调查工作，要以"功成不必在我"的精神境界和"功成必定有我"的历史担当，发扬"钉钉子"精神，脚踏实地做资源调查收集工作，把江苏的地方特色资源收集好、保存好、利用好。全院科技人员踊跃报名参加资源普查行动，在三名所长的带领下，全院出动调查队员1 572人次，行程超过3.9万km，足迹踏遍60个普查县，召开座谈会441场次，走访群众7 085人次，抢救收集地方濒危、珍稀、特色资源1 976份，全院20多个课题组参与收集种质资源的繁殖鉴定，筛选出优异特色资源25份。

2. 兵马未动，粮草先行

种质资源普查涉及全省60个农业县市，项目实施涉及省、市、县、乡多级行政组织，工作触角直至农业一线，具体到每一棵植物、每一粒种子。保持良性工作机制很重要，江苏省农业科学院成立普查项目办，联系国家普查办和省领导小组，具体落实院领导小组工作指示，并负责调查物质准备、人员培训、技术支撑、后勤保障，确保调查活动科学有序开展。前期的物资准备小到一枚小小的标签，大到考察车辆租赁落实，专业相机、GPS定位仪、防护服……一应俱全，可谓：兵马未动粮草先行，充分的物质准备为种质资源调查的科学、有效、顺利开展奠定了基础。

种质资源调查是一份"技术活"，需要有娴熟的专业技术和野外工作技能，必须按照统一的标准进行科学规范操作，因此技术培训尤为重要。在国家普查办的指导下，江苏省农业科学院组织了3次技术培训，制订种质资源调查技术规范，并在常熟市种质资源调查现场进行实地培训，使调查队员熟练掌握调查收集技术和农村工作技巧。调查队员在调查间隙还向当地农业技术人员传授种质资源分类、收集和研究技术，普及种质资源保护知识，指导开展资源普查与征集工作。本次调查收集行动在收集保护资源的同时，也是一次科普和培训，为种质资源保护培养了一支队伍。项目办公室还邀请了多名作物种质资源保护方面专家担任技术顾问，组建了QQ技术交流群、微信群，充分发挥新型信息平台的实时性、灵活性、高效性，为资源考察、鉴定工作提供技术支持。

现场技术培训

常有宏指导一线资源调查

调查队员向村民了解资源特性

项目启动向调查队授旗

3. 宣传示范，不拘形式

种质资源普查与收集工作是一项落在基层的社会工作，社会参与是工作顺利开展的基础。工作环境在农村，种质资源在农家，这就需要广大人民群众的配合和支持，因此科普宣传要到位。在江苏省领导小组的统一指挥下，强化行政领导，逐级发文开会传达，把普查的意义、目的、要求传达到基层，同时借助电视、广播、横幅进行广泛宣传，使基层广大干部群众理解种质资源保护的意义，积极配合种质资源普查行动。譬如，睢宁电视台制作的《留住"老种子"延续"新生命"》专题片在《睢宁新闻》播放后，在群众中引起很大反响。江苏省农业科学院创作了《寻找老种子，我们在路上》的宣传片在QQ群、微信群进行横向传播。种质资源保护工作得到了最广泛的支持，全省涌现出像周群喜、惠鹏、吴林兰这样勤恳奉献的基层好干部，涌现了像周世昌、许瑞杰、尹登威这样的热心资源捐献者。江苏省农业科学院宣传科积极参与调查工作的实施，及时报道资源调查的新发现、新故事，并利用媒体、网站、微信公众号、橱窗展板、参选院年度"10件大事"等形式宣传种质资源的重要性，讲述调查中的先进事迹，使普查工作深入人心，得到了广大科技人员的积极配合和支持。

微信宣传

种质资源普查面广量大，如何在短期内获得工作成效，做到不遗漏，做到应保尽保，工作方法很重要。在调查实践过程中，调查队创造了"以点带面"工作策略，每个系统调查县选择3个代表乡镇、每个乡镇选择3个代表村做示范，把基层农技人员组织起来进行示范学习，宣传资源保护意义，讲授工作要点，传授工作方法，把资源普查工作扩大到每家每户，把资源普查的要求传达到每一个村庄，带动全县种质资源调查摸底，调查队在摸底的基础上开展实地考察，进行专业甄别和资源样本的采集，极大地提高了工作效率。

4. 坚持"以人为本"工作路线

"依老寻老"找资源。古老的地方品种资源承载着一方的历史，要了解地方资源，首先要"找准人"，了解情况的人极为关键，退休的农技员、老干部、老专家和乡间的老农成了我们追访的对象，组织老同志、老乡座谈是我们工作最重要的形式。溧阳地处江南丘陵地带，区内地形复杂，种质资源也十分丰富，为了把当地特色资源收集好，溧阳市种子站聘请了两位常年在基层工作的退休农技员担当主角，利用他们丰富的知识经验和业务特长，为资源调查工作出力。两位老同志深爱干了一辈子的农业工作，对当地情况十分熟悉，因此工作进展十分顺利，使'溧阳花红''乌饭树''野鸡红甜桃''溧阳白芹'等一批地方特色资源得以收集保护。江苏省的每个调查县都聘请了这样的老专家，真可谓"寻找老种子离不开'老把式'"。

"以老带新"话传承。常有宏、蔡士宾两位研究员是江苏省农业科学院参加过第二次全国种质资源调查的两位专家，对种质资源调查收集工作非常熟悉，具有丰富的工作经验，两位专家在调查方案制定、人员队伍组织和联系地方部门等方面给予了精心指导，使我们少走了不少弯路。我们还邀请了中国农业科学院、南京农业大学和国家种质资源库圃的多位专家担任我们调查队的顾问，遇到问题随时请教，当场解决，背后的"智囊团"为我们一线调查队提供了强大的专业技术保障。江苏省农业科学院普查办总结了种质资源调查收集工作的12字秘籍，"找对人、问清事、定准点、收好种"。

5. 坚持"以用促保"的保护策略

保护是前提，利用是目的。留住家乡的味道，守住老祖宗留下来的"传家宝"，更要让"传家宝"成为乡村产业振兴之宝。地方品种是在特定区域经过长期的选择进化形成的，往往具有良好的品质和特定的区域适应性，是地理标志农产品的核心要素，通过提纯复壮和遗传改良，让老品种适应现代生产技术要求，焕发出新光彩，助推农业供给侧结构改革，促进乡村产业振兴和文化传承。地方种质资源只有得到充分开发利用才能彰显保护的价值。在开展全省种质资源调查收集的同时积极推进种质资源的鉴定评价研究，江苏省农业科学院20多个课题组参与种质资源的鉴定评价工作，通过本次资源普查行动筛选鉴定出'地龙白慈姑''溧阳白芹''小黄玉米'等优异特色资源25份，一批优异资源已经在品种创新和产业振兴中发挥作用。江苏省每年还在江苏省农业科技自主创新资金中安排500多万元用于开展动植物种质资源的鉴定评价研究。在稻麦、蔬菜、果树等作物优质、抗病基因的发掘利用方面取得显著成效，优良食味水稻、抗赤霉病小麦、抗豆象绿豆、优质蔬菜、早熟优质果树等正在江苏省现代农业发展中发挥作用。

种质资源保护永远在路上，我们将以责任担当的决心、细致入微的细心、坚定不移的恒心和满腔的工作热情做好种质资源保护工作，创新思维，利用新技术，采用新方法，探索新模式积极开展资源鉴定评价研究，促进优异种质资源的开发利用，支撑和服务现代农业发展。

工作交流会

供稿：江苏省农业科学院　朱银　邹淑琼　汪巧玲　狄佳春　颜伟

广东卷

一、优异资源篇

（一）药用野生稻

种质名称： 药用野生稻。

学名： 药用稻（*Oryza officinalis* Wall. ex Watt.）。

来源地（采集地）： 广东省东源县。

主要特征及特性： 药用野生稻是多年生草本植物，禾本科，药用野生稻种，分布于广西、广东、海南，生于海拔400～1 000m处的丘陵山地、坡下冲积地和沟边。印度、锡金、中南半岛也有分布。是染色体组为CC型的二倍体植物，国家二级保护植物。

药用野生稻对许多常见病害以及逆境等都具有抗性和耐受性。研究发现药用野生稻具有极强的耐寒性，并能抗褐飞虱、白背飞虱、黑尾叶蝉、白叶枯病、稻瘟病、细菌性条斑病等。同时，广东省的药用野生稻蛋白质的含量高于栽培稻。

利用价值： 药用野生稻具有丰富的优良性状，是水稻育种的宝贵资源，也是基因工程研究的重要物质基础。利用药用野生稻中优异基因对现有栽培稻进行改良，是提高水稻产量和品质的一个重要途径。

根据研究状况看，药用野生稻的开发利用程度非常有限，能真正应用到栽培稻生产上的暂无相关报告。但是，目前野外生存的药用野生稻在逐渐减少且呈不可逆转的趋势，加强对野生稻原生境的保护已迫在眉睫，建议采用物理隔离原位保护法进行保护，通过加强政策法规建设，加强宣传教育和对当地民众培训，提高民众的野生稻保护意识，改善农民生活条件，调整产业结构，消除对野生稻的威胁因素。

由农业部项目资助在广东建立的野生稻原位保护点仅高州1个，采用的方法为物理隔离法。该点为普通野生稻原位保护点。广东省野生稻原位保护点的建设数量与其分布点数量相比还存在很大的差距，建议各级政府部门共同努力增加投入，根据野生稻分布点面积大小、分布密度、遗传多样性丰富程度等划分等级，选择有代表性的分布点建立不同等级（如国家级、省级、地市级或县级等）的原位保护点，并采取相应的保护措施把野生稻的原生境保护管理好，有效遏制野生稻生境继续消失。

药用野生稻生长环境

药用野生稻穗

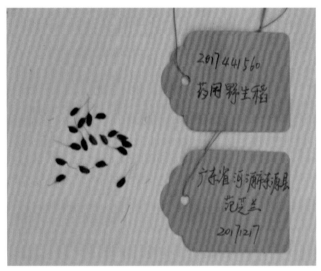

药用野生稻籽粒

供稿：广东省农业科学院农业生物基因研究中心　吴柔贤　刘军

（二）野生大豆

种质名称：野生大豆。

学名：野大豆（*Glycine soja* Sieb. et Zucc.）。

来源地（采集地）：广东省连山壮族瑶族自治县。

主要特征及特性：野生大豆属于国家第一批重点保护野生植物和二级保护植物，是栽培大豆的近缘祖先种。野生大豆主要分布在中国、朝鲜半岛、日本列岛和俄罗斯远东地区，在我国，除了青海、新疆和海南外，其他省份均发现有野生大豆的分布。野生大豆群体中所蕴含的优良基因为栽培大豆改良提供了重要的基因资源，目前研究者已从野生大豆群体中筛选出高异黄酮、抗旱、抗大豆花叶病毒、抗大豆胞囊线虫、抗锈、耐盐、高蛋白、油分特异等珍贵种质，并成功利用野生大豆资源改良大豆。

利用价值：野生大豆群体中所蕴含的优良基因为栽培大豆改良提供了重要的基因资源。

通过"第三次全国农作物种质资源普查与收集行动"获得的野生大豆资源仅有连山县的1份，因此广东省野生大豆收集工作还需加强，特别是随着城镇化的加快，原本分布区域的锐减，我们更应该重视南方野生大豆资源的收集和保护。

野生大豆资源是宝贵财富，但由于人类活动和污染侵蚀等多种原因，导致野生大豆的分布面积正在逐渐减小，生境碎片化乃至消失，野生大豆的保护迫在眉睫。

野生大豆生境

野生大豆植株形态

野生大豆叶片、荚果、种子形态

供稿：广东省农业科学院农业生物基因研究中心　吴柔贤

（三）连山地禾糯

种质名称：连山地禾糯。

学名：稻（*Oryza sativa* L.）。

来源地（采集地）：广东省连山县。

主要特征及特性：地禾糯是以前的过山瑶留下来的地方品种，据说是远古时期刀耕火种遗留下来的古老稻米品种，种植在山坡上，不用施肥打药，抗逆性很强。在广东的连山地区它被称为"地禾"，连山方言的语境中，"地"是特指陡峭的山岭，没有水源的地方，区别于能够种植水稻的水田。连山地区山多田少，古代的人民都是烧山开垦荒地，以刀耕火种的方式进行耕作，山地上适合种植的粮食作物十分有限，因此生命力强，不需要水源灌溉，能够适应恶劣自然环境的地禾糯就成为最优的选择，并一直传承下来。

据当地种植农户介绍，播种后基本不用管理。一般清明节前后播种，10月底收获。地禾糯茎秆粗壮，比较抗旱、耐贫瘠。株高可以达到150cm。地禾糯产量很低，一亩地只能收获100～150kg的谷子。由于山地崎岖陡峭，打谷机不能用，所以农夫只能把稻穗割下，再经过山路长途跋涉背回家。因为种植过程的艰辛，这些数量稀少的地禾糯就越显弥足珍贵了，只有逢年过节等重要节庆，农人才会拿出来制作糍粑和糯米甜酒，招待亲朋。

据悉，连山的瑶族人民大多在山上种植杉木以取得经济来源，杉木大约十几年成材砍伐一次，把剩下的枯枝落叶烧掉，留下的草木灰作为种植地禾糯的天然肥料，这样的山地只能种植一次地禾糯，因为养分有限，来年的土地肥力会下降。重新种植新的杉木苗，同时在杉木苗行间种植地禾糯，地禾糯生命力极强，春天趁着下雨的时节把种子撒下，中间几乎不需要任何管理。一般在杉木苗中间种植地禾糯，有一个重要的作用就是抑制杂草的生长，因为杂草过多会影响杉木苗的发育，而地禾糯的生命力之强即便连杂草也长不过它。在农人的创意下，种植地禾糯的传统不但得以保留和延续，杉树与地禾糯之间的共作更是使得和谐互利的中国农耕智慧得以最大限度地发挥出来。

地禾糯米色有红、白、黑3种，以红为佳黑为贵。地禾糯含有人体必需的氨基酸、矿物质和多种维生素。这些既古老又好吃的原生稻种因为各种原因，愿意种植的人越来越少了，尤其是一些稀有的品种比如黑糯已经很少有人种了。

利用价值：地禾糯既可用于酿造米酒、黄酒（甜酒），又可与黑枣、红枣、元肉等补品煮粥或直接煮饭食用，对提气补血、滋阴补肾、健身养颜有特别的功效，是老少咸宜强身延年益寿之健康食品。

生长于山坡上的地禾糯

俯视下的地禾糯

地禾糯稻穗

供稿：广东省农业科学院农业生物基因研究中心　徐恒恒　刘军

（四）细黄谷

种质名称：细黄谷。

学名：稻（*Oryza sativa* L.）。

来源地（采集地）：广东省信宜市。

主要特征及特性：谷粒细长，产量低，只有200～300kg/亩，米质极好，饭软可口，粥胶有米油，整精米率60%～65%，生长期长，约130天，早、晚造均可种植，是典型的常规稻。抗稻瘟、白叶枯、纹枯病，扩虫性较弱，易惹三化螟、稻飞虱等。耐寒，可在海拔较高的山坑田种植。

利用价值：细黄谷米富含多种矿物质成分，能够给人体提供较为全面的营养，含有大量的碳水化合物，可以给人体补充较多的营养素，维持人体各项机能的正常运行。含有的蛋白质比例是所有谷类中最高的，虽然其营养比不上动物蛋白质，但是它比较容易被消化和吸收，也因此更受人们的欢迎。细黄谷米含有的脂肪不高，将其作为主食，会比面食更利于减肥。从中医角度来讲，细黄谷米还有健脾胃、补气通血脉的功效，食用之后能使人耳聪目明，肺部有亏损者、便秘者早晚食用细黄谷米熬制成的粥，症状会得到缓解。另外，它在一定程度上还有缓解皮肤干燥的功效，若是在熬粥时加入梨，养生效果更佳。

细黄谷稻穗

细黄谷稻谷

供稿：广东省农业农村厅种业管理处　刘凯

广东省信宜市农业局　陈鸿　罗学优　赖圣芬

（五）冬豆

种质名称：冬豆。

学名：豌豆（*Pisum sativum* L.）。

来源地（采集地）：广东省信宜市。

主要特征及特性：本资源在冬季播种，属短日性较弱的中熟类型。形状扁凹。小手指尾大，青色。根上生长着大量侧根，主根、侧根均有根瘤。食用软、清淡可口。抗病虫性较强，较抗白粉病、霜霉病、潜叶蝇和蚜虫。抗逆性好，耐寒、耐旱。

利用价值：营养丰富，豆荚和豆苗的嫩叶富含维生素C，能分解体内亚硝胺的酶，可以分解亚硝胺，具有抗癌的作用。籽粒含蛋白质20%～24%，碳水化合物50%以上，还含有脂肪、多种维生素。所含的止权酸、赤霉素和植物凝素等物质，具有抗菌消炎、增强新陈代谢的功能。中医认为，豌豆性味甘平，有补中益气、利小便、解疮毒的功效。中医典籍《日用本草》中有豌豆"煮食下乳汁"的记载，因此，哺乳期的女性多吃点豌豆可增加奶量。此外，豌豆含有丰富的维生素A原，食用后，可在体内转化为维生素A，有润肤的作用。

冬豆种子

冬豆植株

冬豆的花

冬豆果荚

供稿：广东省农业农村厅种业管理处　刘凯

广东省信宜市农业局　陈鸿　罗学优　赖圣芬

（六）野生猕猴桃

种质名称：野生猕猴桃。

学名：中华猕猴桃（*Actinidia chinensis* Planch.）。

来源地（采集地）：广东省信宜市。

主要特征及特性：该资源果形一般为椭圆形，早期外观呈绿褐色，成熟后呈红褐色，表皮覆盖浓密绒毛，可食用，其内是呈亮绿色的果肉和一排黑色或者红色的种子。因猕猴喜食，故名猕猴桃，亦有说法是因为果皮覆毛，貌似猕猴而得名，是一种品质鲜嫩、营养丰富、风味鲜美的水果。猕猴桃的质地柔软，口感酸甜。味道被描述为草莓、香蕉、菠萝三者的混合。野生猕猴桃高抗溃疡病及病原菌，不抗蝉虫。抗逆性好，耐寒、耐旱、耐涝。

利用价值：猕猴桃除含有猕猴桃碱、单宁果胶和糖类等有机物，以及钙、钾、硒等微量元素和人体必需17种氨基酸外，还含有丰富的胡萝卜素、维生素C、果糖、柠檬酸、苹果酸等，是一种营养价值丰富的水果。具有清理肠胃、抗衰老、调节血液循环，预防心脑血管疾病等功能，被人们称为"果中之王"。

野生猕猴桃生境

野生猕猴桃果实

供稿：广东省农业农村厅种业管理处　刘凯

广东省信宜市农业局　陈鸿　罗学优　赖圣芬

（七）荔枝王

种质名称：荔枝王（暂定名：晚香玉）。

学名：荔枝（*Litchi chinensis* Sonn.）。

来源地（采集地）：广东省信宜市。

主要特征及特性：该资源系清朝末年（100多年前）信宜市一姓白的农民从中国台湾引进，只分布在该村，有200多株。果卵圆形，形果较大，重80g左右，长3～4cm，果皮鳞斑突起较深，而且较疏、粗。果肉半透明凝脂状，较厚，水分多，口感嫩滑、味甜香美，但不耐贮藏，成熟时果鲜红色，美观，使人喜爱，种子较小全部被肉质假种皮包裹。春季花期较早，夏季成熟比普通荔枝迟一个星期。抗病虫性弱，不抗椿象、蛀蒂虫、尺蠖、霜疫霉病、毛毡病等病虫害。抗逆性强，较耐寒、耐旱、耐涝，能抵御强台风。

利用价值：性热，多食易上火，味甘、酸，性温，入心、脾肝经，开胃益脾，有促进食欲之功效。所含丰富糖分具有补充能量，提神消疲等功效；所含丰富维生素C可促进微细血管的血液循环，防止雀斑的发生，令皮肤更加光滑。主用于鲜食，鲜甜可口，略有韧性，还可焙荔枝干，制荔枝酒。由于品质好、果形大、数量少，目前供不应求。广东省农业科学院果树研究所已将它列入重点研究开发利用对象，并多次到实地进行考察和取样。

荔枝王生境

荔枝王的果实

供稿：广东省农业农村厅种业管理处　刘凯

广东省信宜市农业局　陈鸿　罗学优　赖圣芬

（八）苦斋菜

种质名称： 苦斋菜。

学名： 败酱（*Patrinia scabiosaefolia* Fisch. ex Trev.）。

来源地（采集地）： 广东省信宜市。

主要特征及特性： 该资源属信宜地方野菜，有几百年历史。四季而生，闻之味苦，食之苦中带甜，凉性，多用于煲汤。味道另类而有特色，像榴莲一样，起初因味道而被排斥，品尝过后因味道而被吸引。因苦斋菜是野生的，故具有高抗病的特性，高抗白粉病、霜霉病，不抗蚜虫、尺蠖等叶食性害虫。抗逆性强，耐寒、耐旱、耐涝。

利用价值： 具有清热解毒、滋阴

苦斋菜植株

润燥、清肝明目、祛湿等药效。可明显增强食欲，用以炖猪肚既清暑祛湿，又能健脾养胃。苦斋菜所含的蛋白质、无机盐及维生素易被机体生理活动所利用，具有抗肿瘤的成分。客家人采集种子自行少量种植，用于酒家制作一道名菜——苦斋菜。

苦斋菜菜用

供稿：广东省农业农村厅种业管理处　　刘凯

广东省信宜市农业局　　陈鸿　罗学优　赖圣芬

（九）海水稻86

种质名称：海水稻86。

学名：稻（*Oryza sativa* L.）。

来源地（采集地）：广东省遂溪县。

主要特征及特性：株高2m，耐盐耐淹，抗病抗虫，不打农药，无污染，在生长期每个月有1周时间会淹没在海水中。

利用价值：中国盐碱地分布极为广泛，类型也是多种多样，主要包括东部滨海盐碱地、黄淮海平原的盐渍土、东北松嫩平原盐碱地、半荒漠内陆盐土、青海新疆极端干旱的漠境盐土等。据第二次全国土壤普查资料统计，在不包括滨海滩涂的前提下，我国盐渍土面积为3 487万hm²，约为5亿亩，可开发利用的面积多达2亿亩，占我国耕地总面积的10%左右。如果亩产提高到300kg，可以增谷600亿t，满足2亿人的粮食需要。

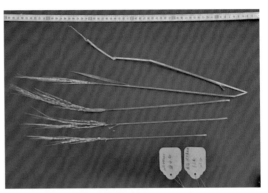

海水稻生长环境　　　　　　　　　　海水稻稻穗形态

海水稻品种提供者陈日胜（左二）

供稿：广东省农业科学院农业生物基因研究中心　徐恒恒

（十）大埔金针菜

种质名称：大埔金针菜。

学名：黄花菜（*Hemerocallis citrina* Baroni）。

来源地（采集地）：广东省大埔县。

主要特征及特性：根近肉质，中下部常有纺锤状膨大。花葶长短不一，花梗较短，花多朵，花被橘红色；蒴果钝三棱状椭圆形，花果期5—9月。分株繁殖，一年四季都可种植，夏天采收最佳。

质地筋脆，菜条肥厚，油分充足，色泽金黄，口味醇美，长成的金针菜具有双层六瓣。

利用价值：当地向导说该菜具有降尿酸的作用。在梅州大埔久有种植，此次采集农户家为零星种植，自己放进锅里蒸后，晒干（3天左右）即可食用。可以炖五花肉，可降尿酸。我们的调查队员还特地买了一些回来，食用一段时间确有实效。

金针菜生长环境　　　　　　　　　　　　　金针菜植株

供稿：广东省农业科学院农业生物基因研究中心　吴柔贤　刘军

（十一）电白水东芥菜

种质名称：电白水东芥菜。

学名：芥菜［*Brassica juncea*（Linnaeus）Czernajew］。

来源地（采集地）：广东省电白区。

主要特征及特性：株高26～30cm，开展度26～28cm，叶长25～28cm，宽15～18cm，青绿色，叶片平滑，叶脉明显，叶缘微波状，基部锯齿状，具短柄，叶柄扁宽，长约5cm、宽2.5～3cm、厚0.5cm，白色。单株重150～220g。

种植情况：茂名市电白区年种植面积达到5万亩，主要分布在电白区水东、旦场、林头等3个镇，麻岗、树仔、电城、岭门、观珠、马踏等镇的种植面积也在逐年扩大。

种植环境：因特殊的品种和地理气候条件，水东芥菜具有爽脆可口、质嫩无渣、鲜甜味美、生产量小的特点，而水东芥菜之所以有这样的优点还因为它的产地电白区的气候属亚热带，而地质为沙丘，水东周边土壤也就为水东芥菜提供够好的微酸性黄土壤。非常适合水东芥菜的生长，正是因为产地的"不可复制"，造就了水东芥菜的独特口感与营养价值。

利用价值：水东芥菜每造平均亩产1.5t，每年平均种植四造，年总产量达到30万t，平均每吨产值为3 000元，年总产值达到9亿元，水东芥菜产品主要销往上海、郑州、柳州、南宁、深圳、珠海、广州及珠三角地区等大中城市和中国香港等地，产品十分畅销，深受社会的认可和广大消费者的青睐。品质优良的水东芥菜现在已成为全国大中城市各大宾馆和星级酒楼、食肆的招牌菜，是食客的首选菜式。国内报纸、电视、电台等多家宣传媒体均做过专题报道。近年来，由于水东芥菜质量上乘销路广，知名度高，价格高，经济效益特别显著，已成为水东芥菜主产区的支柱产业，对增加当地农民收入、发展地方经济发挥着重要作用。

水东芥菜种植场景　　　　　　　　　水东芥菜植株

供稿：广东省农业科学院农业生物基因研究中心　吴柔贤
广东省茂名市电白区种子站　黄厚栋

（十二）普宁红脚朴叶芥蓝

种质名称： 普宁红脚朴叶芥蓝。

学名： 芥蓝（*Brassica alboglabra* L. H. Bailey）。

来源地（采集地）： 广东省普宁市。

主要特征及特性： 叶呈椭圆形，叶面微皱。薹、叶为绿色，蜡粉中等，主薹高25cm左右。红脚，薹带红色，分枝能力强，耐寒、耐热，长势强盛、抗病性强，适应性广，纤维少、品质优、产量高。由于茎是红色的，比普通的芥蓝含有较高的花青素，有保健功效；耐热性强，在夏季还能生长，虽然不抽薹但长叶，刚好符合当地喜欢吃叶菜的饮食习惯，而普宁的红脚朴叶芥蓝确实是一种不一样的农家种。

种植地里的红脚朴叶芥蓝　　　　　　　红脚朴叶芥蓝植株

利用价值：红脚朴叶芥蓝是农家优良传统品种，无公害蔬菜。经当地农民不断精心选育，具有50年以上传统种植历史，在普宁市10多个乡镇均有种植，全市种植面积有1 000多亩，蔬菜批发价格每千克6～8元。农民种植达到增收增利。红脚朴叶芥蓝是普宁的特产蔬菜之一，深受当地群众喜爱。菜薹柔嫩、鲜脆、清甜、味鲜美，深受人们喜欢。可炒食、汤食，或作配菜。其味甘，性辛，具备利水化痰、解毒祛风、除邪热、解劳乏、清心明目等功效。不过久食芥蓝会抑制性激素的分泌。

供稿：广东省农业科学院农业生物基因研究中心　吴柔贤

广东省揭阳普宁市种子站　杨吉花

（十三）翁源三华李

种质名称：翁源三华李。

学名：李（*Prunus salicina* Lindl.）。

来源地（采集地）：广东省翁源县。

主要特征及特性：前期为青，慢慢转为红，泛起淡淡的紫色，未成熟时有苦涩味、酸味。成熟的三华李，表面有一层"白霜"（本身保护作用的）。翁源县三华李明末开始种植，已有400多年历史，称为夏令果王。三华李品种繁多有鸡麻李、白肉鸡麻李、大蜜李和小蜜李四个品系，芒种后至夏至前后成熟。由于翁源独特的气候及地理条件，主要种植于沙壤土山坡地上，三华李果大、肉厚、无渣、核小，果实白里透红，闻之清雅芬芳，入口无涩且有蜜味，爽脆清甜满口香。

挂有未成熟果的三华李树

挂有成熟果的三华李树

利用价值：1986年在广东省水果品评会上荣获"名优品种"称号，1987年被评为广东省十大优稀水果之一。且翁源于2004年三华李节暨经贸洽谈会上被中国特产之乡推荐暨宣传活动组委会授予"中国三华李之乡"称号。2010年，根据《地理标志产品保护规定》，国家质检总局组织了对三华李地理标志产品保护申请的审查。经审查合格，批准了对三华李实施地理标志产品保护。目前，翁源县三华李种植面积有2.7万亩，已挂果约

2.5万亩，主要用于鲜食，由于经济效益很好，农民种植的积极性非常高，为农户带来4.6亿元的年收入。每年，每到三华李成熟季节，来自珠三角及附近市县的自驾车游客纷至沓来，络绎不绝。产品供不应求，市场前景非常广阔。

供稿：广东省农业科学院农业生物基因研究中心　吴柔贤
广东省韶关市翁源县农业技术推广办公室　聂锦清

（十四）增城挂绿荔枝

种质名称：增城挂绿荔枝。

学名：荔枝（*Litchi chinensis* Sonn.）。

来源地（采集地）：广东省广州市增城区。

主要特征及特性：有400多年的历史，文化底蕴厚重，外观独特，品质极佳。增城挂绿4月上旬开花，6月下旬至7月上旬成熟，果实近扁圆形，单果重20g左右，果顶浑圆，果肩微耸，一边稍高、一边稍低，谓之龙头凤尾；果皮红绿相间，龟裂片平坦、中部向内微凹，有放射状花纹，裂片峰毛尖或为稀疏的细尖突起，裂纹和缝合线明显；果肉白蜡色，肉质致密结实，特别爽脆，清甜带特殊香味。

增城挂绿荔枝果实

利用价值：明末清初著名诗人屈大均《广东新语》称赞挂绿"爽脆如梨，浆液不见，去壳怀之，三日不变"。清初著名诗人朱彝尊曾遍尝国内佳荔，在《题福州长庆寺壁》赞赏"粤中所产挂绿，斯其最矣。"康熙中期任惠州知府的王煐评价"挂绿为荔子第一品，生罗浮山之麓，水边沙际，他处不能移植，诚仙品也。"迄今，全区有挂绿后代4 000余株，遍布各镇街。2012年国家质检总局批准增城挂绿为国家地理标志产品，增城挂绿将得到更好的保护和传承。

供稿：广东省农业科学院农业生物基因研究中心　吴柔贤
广东省广州市增城区农技中心　张湛辉

（十五）蕉岭南礤绿茶

种质名称：蕉岭南礤绿茶。

学名：茶〔*Camellia sinensis*（L.）O. Ktze.〕。

来源地（采集地）：广东省蕉岭县。

主要特征及特性：多年生常绿木本植物，一般为灌木，茶树的叶子呈椭圆形，边缘有锯齿，叶间开5瓣白花，果实扁圆，呈三角形，果实开裂后露出种子。此茶种最初从揭阳普宁引进，在南礤当地种植历史已经有25年，采茶期在春、秋、冬3个季节各有1次，其中春茶品质最好、价格也最高。南礤绿茶成品具有"叶片厚、滋味浓、香气高、耐冲泡"的特色，口味甘甜、苦味较小，饮用后有明显的回甘。茶树基本没有病虫害，因此当地种植者常年无须打药。

利用价值：20亩茶园，每年的春茶采摘期共可收获2 500kg春茶，每千克春茶可卖28元，是一家人重要的收入来源。据茶农介绍，南礤绿茶当年引进后，在附近周边地区也有种植，虽然产量上相差不大，但在品质上，南礤镇种的绿茶却始终是周边地区中最好的，除了茶树在当地没有病虫害、当地人不打药之外，南礤镇的宜人气候、富硒水土也在很大程度上促成了南礤绿茶的高品质。南礤绿茶目前的知名度已经比较高，当地有许多家茶厂经营着包括南礤绿茶在内的多种本土茶叶。在广东省名优茶质量竞赛中，作为南礤绿茶代表的"蓝源绿茶"在第十、第十一届连续两届获得金奖，更大大提高了南礤绿茶的知名度。种植南礤绿茶同时还属于产业扶贫中的一项措施，近年来，当地茶叶品牌日渐知名，与当地政府对茶叶产业发展的重视也有很大关系，该镇鼓励茶厂建设及商标注册，并大力支持茶叶特色产品创新，帮助推进地理标志保护产品申报工作，变当地的资源优势为发展优势，使更多的当地老百姓享受到本土产品带来的实惠与利益。

南礤绿茶生长环境

| 南礤绿茶植株 | 南礤绿茶嫩叶 |

供稿：广东省农业科学院农业生物基因研究中心　部银涛　刘军

（十六）竹芋

种质名称：竹芋。

学名：竹芋（*Maranta arundinacea* L.）。

来源地（采集地）：广东省英德市。

主要特征及特性：竹芋传承已有几百年历史，生长情况与竹笋类似，一半生长在地下，一半冒出地面，与普通芋头不同。无须打药施肥。蒸煮均可，口感粉。

利用价值：种植年代久远，具有较高的保护和开发利用价值。

竹芋

供稿：广东省农业科学院农业生物基因研究中心　徐恒恒　吴柔贤

（十七）青梅

种质名称：青梅。

学名：青梅（*Vatica mangachapoi* Blanco）。

来源地（采集地）：广东省普宁市。

主要特征及特性：酸度高，加工品质好，山区环境好，无病虫害，产量高，每棵树每年能产50kg左右。

利用价值：圆明村地处海拔500多米的山区，该山区属边远山区和革命老区，居住分散，登记人口有511人。当地有50多户农户种植青梅，青梅已发展为当地的支撑产业，已种植50年以上，目前有3 000多亩青梅园，产出的青梅主要用于加工出口海外，为当地带来可观的经济效益。

嫁接有三种青梅品种的古树

青梅果实

供稿：广东省农业科学院农业生物基因研究中心　吴柔贤

（十八）小叶种紫芽茶10号

种质名称：小叶种紫芽茶10号。

学名：茶［*Camellia sinensis*（L.）O. Ktze.］。

来源地（采集地）：广东省博罗县。

主要特征及特性：灌木型，树姿开张，芽叶紫色，成熟叶椭圆形，叶色绿，叶身内折，叶面平，叶齿锐中浅，叶尖急尖，叶缘平，叶片向上着生，茸毛多。

利用价值：特异小叶紫芽茶种质，红紫芽茶树是一种稀有的特色茶树资源，芽叶呈现紫色、红色或红紫色，具有较高含量的花青素，花青素具有抗氧化、抗突变、抗衰老、预防心脑血管疾病、减少组织发炎、保护肝脏、抑制肿瘤细胞发生、增进视力等多种生理保健功能。高花青素茶树品种的大规模选育、栽培和相关茶叶产品的开发尚处于起步阶段。作为一类具有保健功能的特殊茶树资源，紫芽茶品种选育及其衍生产品具有非常广阔的发展前景。

小叶种紫芽茶10号采集生境　　　　　　小叶种紫芽茶10号繁殖生长紫芽

供稿：广东省农业科学院农业生物基因研究中心　吴柔贤
广东省农业科学院茶叶研究所　吴华玲

（十九）潮州单丛茶树

种质名称：潮州单丛茶树。

学名：茶［*Camellia sinensis*（L.）O. Ktze.］。

来源地（采集地）：广东省广州市潮安区。

主要特征及特性：树龄50～70年，品种为单丛水仙品种在20世纪50年代通过有性繁殖培育而成，期间荒废无管理，2016年重新整理开发，现茶树株高4～5m，每棵茶树叶形和抗病性等各不相同。

利用价值：老茶园，树龄长，具有一定的利用价值，1万株茶树均用种子繁殖，其变异和多样性丰富，有待进一步做科学验证和开发利用。

潮州单丛茶树植株　　　　　　　　潮州单丛茶树果树及叶芽

供稿：广东省农业科学院农业生物基因研究中心　张文虎　陈兵先

（二十）新兴大叶黄金茶

种质名称：新兴大叶黄金茶。

学名：茶［*Camellia sinensis*（L.）O. Ktze.］。

来源地（采集地）：广东省新兴县。

主要特征及特性：采集于广东省云浮市新兴县，在该地区分布少。黄化茶树是一类在特定条件下产生的具有不同程度叶绿素缺失的叶色突变体，目前在全国各地均有发现，如浙江的安吉白茶、景宁白茶、黄金芽，福建的白鸡冠、金冠茶，江西的黄金菊等。

叶色金黄，高产优质。春季叶片黄化明显；小乔木型，树姿开张，叶形椭圆，叶色绿，叶身平，叶面隆起，叶齿锐、疏、浅，叶尖渐尖，叶缘波，芽叶黄绿色，水平着生，生长较粗壮，茸毛多。

利用价值：特异性黄化种质，属于茶树中的珍稀资源，因具有更高的氨基酸含量和更优异的外形，使其经济价值更高，已成为各地茶农增收的重要途径。

新兴大叶黄金茶生境

新兴大叶黄金茶花芽

供稿：广东省农业科学院农业生物基因研究中心　吴柔贤
广东省农业科学院茶叶研究所　吴华玲

（二十一）火豆

种质名称：火豆。

学名：花生（*Arachis hypogaea* Linn.）。

来源地（采集地）：广东省东源县。

主要特征及特性：当地地方品种，果小、含油量高，油酸（属于单不饱和脂肪酸）含量高达80%，中抗锈病，中抗叶斑病，百仁重57.7g。

利用价值：有利于健康，油脂稳定，货架期长，耐存放。

火豆的植株和果实

供稿：广东省农业科学院农业生物基因研究中心　吴柔贤
广东省农业科学院作物研究所　鲁清

（二十二）秋长八月豆

种质名称：秋长八月豆。

学名：花生（*Arachis hypogaea* Linn.）。

来源地（采集地）：广东省广州市惠阳区。

主要特征及特性：当地地方品种，优质，抗病虫，耐旱耐贫瘠。含油率低于45%，植株为匍匐生长，百仁重25.8g，中高抗锈病。

利用价值：适合做小吃坚果、炒货。

秋长八月豆采集地生境　　　　　　　　秋长八月豆果实

供稿：广东省农业科学院农业生物基因研究中心　吴柔贤
广东省农业科学院作物研究所　鲁清

（二十三）黑糯

种质名称：黑糯。

学名：稻（*Oryza sativa* L.）。

来源地（采集地）：广东省广州市茂南区。

主要特征及特性：当地地方品种，优质，抗病虫，可以作为保健药用食品。糯性籼稻，早稻和晚稻均可种植，早稻生育期为133天，晚稻生育期98天，株高155cm，穗长30cm，穗粒数210粒，早稻千粒重22.2g，亩产约375kg，谷粒细长形，谷粒长宽比为4，黑色种皮，高感穗颈瘟病和白叶枯病。

利用价值：黑糯米含有丰富的蛋白质、植物脂肪、氨基酸、多种维生素和人体所需的微量元素，黑米的黑色素属于黄酮类花色素苷类化合物，有较强的自由基清除能力和抗氧化性能，表现为抗氧化、抗过敏、抗炎抑菌、抗动脉硬化、保肝护肝、降血糖血脂、抑制肿瘤生成等多种生理功能，且黑米花色苷的稳定性比黑玉米好，因此，黑米花色苷常作为人工合成色素和抗氧化物的替代品被广泛应用于食品行业。优质化、无害化、功能化和特色化成为稻米市场需求的新常态，随着特种稻和功能稻需求不断提升，以黑糯米作为原料生产的黑糯米酒、黑糯米粥和黑糯米饮料越来越受到广大消费者的青睐。

黑糯米生境

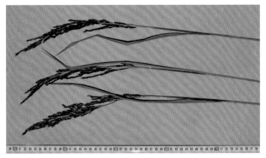
黑糯米稻穗

供稿：广东省农业科学院农业生物基因研究中心　郜银涛　刘军

（二十四）软壳香

种质名称：软壳香。

学名：稻（*Oryza sativa* L.）。

来源地（采集地）：广东省广州市麻章区。

主要特征及特性：提供者在当地已种9年，亩产675kg，普遍为500kg，对2016年最早收集到的5份香稻进行初步鉴定，有2份（巴太香占丝苗、软壳香）为香稻资源，剩余的还有待深入鉴评。感温型籼稻黏米，早稻种植，全生育期133天，株高122.7cm，穗长26.1cm，穗粒数224粒，千粒重21.5g，亩产约400kg，谷粒细长形，谷粒长宽比为4.1，白色种皮，抗稻颈瘟、感白叶枯病。有香味。

利用价值：香稻是粮食作物的一种，受到人们的普遍喜爱，由于其不仅能散发出一种香味，而且具有很高的营养价值。香稻中含有丰富的氨基酸、生物碱、维生素以及很多种酶类，同时富含多种微量元素。软壳香为香稻品种培育提供了新资源。

软壳香种子

软壳香生境

供稿：广东省农业科学院水稻研究所　陈文丰

广东省农业科学院农业生物基因研究中心　吴柔贤

（二十五）番木瓜

种质名称：番木瓜。

学名：番木瓜（*Carica papaya* L.）。

来源地（采集地）：广东省连平县。

主要特征及特性：品质优。果实商品性状较好，果皮光滑，蜡质层厚，较耐贮运。

利用价值：番木瓜是著名的热带果树之一，既是果树又是原料作物。番木瓜在17世纪传入中国，引种栽培已有300多年的历史，目前我国台湾、福建、海南、广东、广西、四川、云南等省（区）均有种植。番木瓜全身都是宝，从树干到果实再到果实里面的浆，都具有利用价值。番木瓜的果实不仅可以作为水果或蔬菜，还有多种药用价值。该农家种品质好，同时耐贮运有助于番木瓜的长途运输，有利于南瓜北运，扩大市场范围，同时有利于果实从果场到加工厂的运输。

连平番木瓜雌株（鉴评过程拍）　　连平番木瓜两性株（鉴评过程拍）

连平番木瓜两性株果实（鉴评过程拍）　　连平番木瓜植株
（采集现场拍）

供稿：广东省农业科学院果树研究所　魏岳荣

广东省农业科学院农业生物基因研究中心　吴柔贤

（二十六）增城迟菜心

种质名称：增城迟菜心。

学名：菜薹（*Brassica parachinensis* L. H. Bariley）。

来源地（采集地）：广东省广州市增城区。

主要特征及特性：迟熟，播种至初收100天左右，菜心又高又大，单株重达500g。冬性强，晚抽薹，抗逆性较强，可深冬上市。菜质鲜嫩、香脆、爽甜，风味独特，品质优。每公顷产量38～42t。

利用价值：增城迟菜心皮脆肉软，茎肥叶厚，煮炒快熟，吃之甜美，菜味浓郁，营养丰富，2004年增城菜心美食节正式把"增城迟菜心"作为地方区域品牌向媒体和外界推介。连续数年的增城菜心美食节的品牌推广，已把"增城迟菜心"打造成名优蔬菜。

增城迟菜心生境

增城迟菜心植株

供稿：广东省农业科学院农业生物基因研究中心　张文虎　吴柔贤
广东省广州市增城区农科所　肖旭林

（二十七）平远禾米

种质名称：平远禾米。

学名：稻（*Oryza sativa* L.）。

来源地（采集地）：广东省平远县。

主要特征及特性：平远禾米是高寒山区野生禾谷经农家长期选育而成的珍稀稻种，宋朝始有记载。因其原产地是平远县，禾米米质软、韧性特强，当地客家人主要制作黄粄。平远黄粄是广东岭东久负盛名的汉族传统小吃，属于粤菜系，黄粄的食法很多，可以酿、蒸、煮、煎、炒，

平远禾米稻田

还可以切片晒干，暑天时，用来煲糖或煲咸蛋，清凉解暑。蒸软的黄粄片，蘸上蒸腊味时漏下的油汁，风味独具一格。切成小粄条，配以经爆香的鱿鱼丝，以及瘦肉丝、冬笋丝、冬菇丝、蒜苗丝。炒成香气诱人的炒黄粄，是远近闻名的岭东美食。现被评为县级非物质文化遗产，目前已申报市级非物质文化遗产。

利用价值：平远禾米酒是20世纪80年代开始的米香型酒类产品，它以平远禾米为主要原料，酒液清亮透明、酒体丰满、口感浓厚香馥、醇和爽净、回味无穷，具有禾米香型的独特风格。

供稿：广东省梅州市平远县种子监督管理站　黄寿平

（二十八）野生小金橘

种质名称：野生小金橘。

学名：柑橘（*Citrus reticulata* Blanco）。

来源地（采集地）：广东省平远县。

主要特征及特性：当地人称为山柑子，耐旱、耐贫瘠。

利用价值：随着人们食味的变化，主要分布在泗水、中行的山柑子被人们所利用。主要做酱：山柑子果实经洗净后剁成酱，加一点盐、酸醋，放置一周后，就成了香、鲜、甘、纯的平远山柑酱。近几年，人们把山上野生山柑子移植到农田里进行栽培，有的利用野生山柑嫁接繁殖，并已有了一定的规模。目前市场上山柑子果实价格每千克在40～50元。

野生小金橘植株

野生小金橘果实

供稿：广东省平远县种子监督管理站　黄寿平

二、资源利用篇

（一）河源火蒜——出口创汇好资源

河源火蒜，属于百合科葱属，种名*Allium sativum* L.，火蒜是广东的一大特产，最出名的要数河源市当地的河源火蒜，其中连平市忠信镇的种植规模最大，产业体系也最完备，因此也被称为连平火蒜、忠信火蒜。此外，江门开平市的金山火蒜也享有盛名，产品特性与河源火蒜类似。

火蒜鲜蒜收获后用稻草或蒜苗熏制加工后才能被称为真正的火蒜，整个过程15天左右，熏制后的火蒜呈金黄色或黑色，表面有油光。加工后的火蒜有一种特殊的烟味，蒜味更加浓香，并且熏制后可以防虫、保鲜，保存时间延长许多，发芽期也会推迟，因此熏制的火蒜无论从口味上还是保存期上都比其他蒜类更有市场优势。

河源火蒜色泽金黄、饱满优质、蒜香浓郁，至今已在河源地区种植了50多年，在国内外均享有盛誉，产品不但销到珠江三角洲，而且在马来西亚、菲律宾、日本、韩国等国外市场也十分受欢迎，是连平县主要出口商品之一。河源地区出口火蒜最多的一年达

蒜头

蒜苗

5 000多t，现在每年还有2 000多t出口。

一直以来，河源市连平县忠信镇都有种火蒜的传统，上年纪的许多村民在很小的时候家里就有种蒜，但到了20世纪90年代，大批年轻人外出务工，当地种蒜业日渐式微。近年来，全国各地开展了产业扶贫工作，扶贫工作组根据当地的特色产业引领带动当地人民脱贫致富。忠信镇的多数贫困村在地理环境上不占优势，但当地村民几乎都会种蒜，扶贫工作组以村民们这一技能为契机，在大陂村等贫困村发动当地村民一起种蒜，并投入资金为贫困户购买火蒜种，鼓励贫困村里有劳动能力的贫困户每家至少种一亩火蒜，这些村民有了收入来源，渐渐脱掉了"贫困户"的帽子，"忠信火蒜"经过当地政府和扶贫工作人员的精心培育，也已成为远近知名的品牌。

供稿：广东省农业科学院农业生物基因研究中心　郜银涛　刘军

（二）翁源红葱——扶贫攻坚显威力

翁源红葱，属于百合科葱属，学名火葱（*Allium cepa* var. *aggregatum* G. Don），红葱头是粤北山区韶关市翁源县官渡镇下陂村的地方特产，味香浓郁、色泽鲜美，富含蛋白质、钙、磷、铁、维生素C_1、维生素B_2等营养物质，更兼下气、消炎，防治高血压、冠心病等功效，是广大客家文化地区菜肴调味必不可少的健康配料之一，具有广阔的市场前景。下陂村种植红葱头已有20多年历史，但之前的种植模式属于小面积种植，并且全村种植户数也只有几十户，根本形不成规模，种植利润也相当微薄。

国家扶贫行动开始后，下陂村成为江门市政协、江门市委统战部、江门市委台办、江门市外事侨务局、江门市供销社对口扶贫的村庄。扶贫工作一开始，扶贫工作组就发现了红葱头在当地的特色优势，并积极引导和帮助贫困户种植红葱头。2010年，在扶贫单位的帮助指导下，下陂村成立了红葱头种植专业合作社，通过此平台向贫困户发放化肥农药和农资补贴，并提供种植技术培训等，充分调动贫困户种植红葱头的热情。通过扶贫工作组的发动和扶持，村里的红葱头种植户从几十户发展到300多户，从原来红葱头种植100多亩发展到现在种植700多亩，亩产3 000kg左右，年产值达到400多万元。

2012年，由扶贫工作组为下陂村红葱头申报名为"九龙香"的注册商标正式得到国家工商总局商标局的批准，成为翁源县第一个成功注册的扶贫农业品牌项目，这将更有利于下陂村红葱头提升行业竞争力，进入更为宽阔的市场。下陂村的红葱头在产量和品质上相对省内其他地区有着明显优势，一直以来的销量非常稳定，去往下陂村收购红葱头的批发商就有近十个。

稳定的品质保障和广阔的销售渠道，已经使红葱头成为带动当地农村经济发展的"发动机"，带领大批贫困户走向了脱贫致富的道路。但同时仍有部分具备劳动力的贫困户，不愿加入红葱头种植的队伍中，导致长期无法脱贫。为了调动贫困户的积极性，官渡镇根据翁源县的整体部署，实施了"以奖代补"的办法，村民每种一亩红葱头，就会有1 200元的补贴，加上种植红葱头本身的利润，每亩会得到几千元的收入，大大提高了村民的种植积极性，更让贫困户看到了致富的希望。

将本地特色产业与扶贫措施相结合，充分发挥当地民众的特长，转化地方特色优势为扶贫优势，更贴合当地实际，也更容易让扶贫工作取得成效。

红葱种植基地

红葱鳞茎

农户与红葱植株合影

供稿：广东省农业科学院农业生物基因研究中心　郜银涛

（三）九郎黄姜——农业产业化发展优势产品

九郎黄姜，属于姜科姜属，种名*Zingiber officinale* Rosc.，调查队在2018年10月赴英德市资源调查期间，得知东华镇九郎村出产一种小黄姜，品质优良，亩产可达3 000kg，是当地农户主要的收入来源。调查队在当地向导的带领下，驱车近两个小时，到达了位于深山中的九郎村，这里远离市区，环境幽静、空气清新，这样的地理环境给蔬菜种植提供了得天独厚的有利条件。

2016年，英德市九郎种养专业合作社正式成立，这是一家集种植、销售及社会化服务为一体的农民专业合作社，以提高农产品的效益为目标，充分利用当地良好的生态环境和气候优势，按照"合作社+基地+农户+科技"的产业化经营模式，开发种植具有竞争优势的农产品，九郎黄姜的种植与销售就是合作社的一项主要工作内容。

九郎村历年来一直有种植黄姜的传统，并且基本家家户户都种，多的有十亩左右，少的也有一两亩。九郎黄姜虽然品质优良，但也曾遭遇过产品滞销的情况，2015年近百万斤（1斤=0.5kg，全书同）姜由于市场不景气、农户种植面积扩大、市场趋于饱和等原因在收购价低至2元/kg的价格下仍然销路无门，给当年的姜农们带来了很大的经济损失。种养合作社成立后，不仅对社员们提供种养方面的技术指导，还更加注重对九郎黄姜等特色农产品销售渠道的牵线搭桥，不让好产品滞销的境况再次出现，使农户们免除农产品销售的后顾之忧，继续保持种养方面的积极性。

除此之外，资源调查队在广东各地都收到了姜类资源，按照当地人的叫法，目前为止已收到黄姜、沙姜、风姜、玉姜、竹姜、南姜、山姜、大肉姜、黄肉姜、野生黄姜等不同名称的姜。

据当地农户介绍，不同的姜有着不同的功效：大肉姜、黄肉姜是广东最常用的姜，一般炖鸡汤、排骨汤时会加入几片去腥、提味；广州特色的白切鸡，上面所加的葱姜类调料，用的姜则是沙姜；伤风感冒时，用风姜熬制姜糖水服下，相当有效；妇女坐月子期间，民间风俗一般不建议洗澡，但用风姜煮的水冲澡则不必担心；与之类似，有一种不可食用的野生黄姜，当地人从山上采回后，用来煮水洗头，可治头疼。

黄姜生境

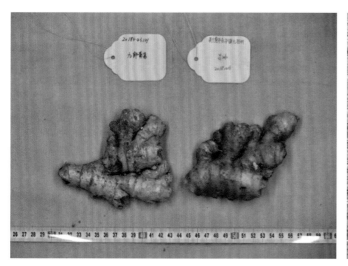

姜块

九郎黄姜植株

供稿：广东省农业科学院农业生物基因研究中心　郜银涛　刘军

（四）藤茶——珍稀优异资源，运用前景广阔

"第三次全国农作物种质资源普查与收集行动"广东资源调查队在2017—2018年度调查行动中，在广东各地如韶关、清远、潮州、揭阳等地发现野生藤茶资源。藤茶为葡萄科蛇葡萄属的显齿蛇葡萄，种名*Ampelopsis grossedentata*（Hand.-Mazz.）W. T. Wang，是一种非常古老的中草药类茶植物资源和药食两用植物资源，广东俗名为藤婆茶（广东连州）、腊梅茶、石花茶（广东英德）、白茶（广东阳山）、癫痫茶（广东韶关）等。相传藤茶为瑶族同胞最先利用，至今已有数百年的药用历史。其性凉，具清热解毒、利尿、消炎等功效，能医治肺痈、肠、瘰病、风湿等疾病，并可治胃热呕吐、感冒、咽喉肿痛等症。近些年来，我国学者对藤茶已作了较系统的研究工作，并取得了一定的研究成果，尤其是在其成分的分离、鉴定，提取工艺和药理功能的研究方面。但对藤茶的开发利用及临床应用研究仍然停留在较低水平。

藤茶在广东主要分布于海拔400～1 300m的山地，集中或散生在阳坡或阴地的混杂林中和山地沟边，伴生有灌林和草本植物。藤茶适应性强，不论处于自然或栽培条件下，一般当气温5天内持续10℃时，越冬后的植物即可开始萌发生长，最适生长温度20～25℃，秋季气温下降至8℃以下时，叶片变黄开始脱落。在优越环境条件下，全年生长而无明显的休眠现象，其中5—7月营养生长特别旺盛。

广东省农业科学院蚕业与农产品加工研究所从藤茶分离鉴定了30多种单体化合物，并对各种营养、功能成分进行了较详细研究。据分析，在广东藤茶中，粗蛋白含量13.94%，水溶性蛋白质含量0.55%，氨基酸总含量2.3%，含有17种氨基酸，其中包含人体必需的8种氨基酸和γ-氨基丁酸、蛋氨酸等特殊氨基酸，总灰分6.0%，无机营养元素如Fe、Cu、Zn、Mg、Mn、Se、Na、F及I的含量比常用绿茶高；其春、夏幼嫩茎叶的水浸出物含量高（近50%）。藤茶的主体活性成分为黄酮类化合物，含量最高可达41.2%（干重），其中单体化合物二氢杨梅素含量在30%左右。藤茶中黄酮类化合物含量之高在植物界中十分罕见。黄酮类化合物为藤茶的主要成分，也是藤茶的主要活性功能成分。

广东省农业科学院农业生物基因研究中心种质资源研究团队利用从广东藤茶中提取纯化后的二氢杨梅素为主要原料，根据不同作物种子的生理特点，开发出种子修复剂系列产品4个（种子活力激活剂、种子应激医生、水稻种子寿命延长剂、水稻种子穗萌

韶关乐昌县藤茶生境

抑制剂），申请了相关发明专利12个，其中7个发明专利已经获得授权。为藤茶资源拓宽利用进行了有力尝试。

目前，广东利用藤茶资源的方式主要是从自然界直接获取野生资源，大面积人工栽培的实例比较鲜见。广东省农业科学院相关研究团队利用广东采集的藤茶资源，2018年在湖南张家界进行了5亩人工栽培实验，已经获得成功，这对广东藤茶的合理开发利用是一个有益的尝试。

随着藤茶内新功能成分的不断发现，以及人们对其药理作用研究的不断深入，越来越显现出藤茶具有广阔的开发利用空间。但就目前的开发利用现状来看，广东藤茶资源的开发利用尚处在比较低的层次上，或者说，还处在开发利用的初级阶段。因为目前绝大部分藤茶资源主要是用于制备粗加工代茶饮料产品，这与藤茶内存在十分丰富的生理活性物质（或有效功能成分）以及它所具有的诸多药用功效与保健作用的实际情况是远不协调的。因此，如何加强对藤茶开发利用研究的力度和深度，如何引入现代科技的最新成果，充分利用广东在藤茶方面的资源优势，并将其充分转化为生产力和经济效益的问题，就显得尤为重要。当务之急应首先加强对藤茶的应用性研究和综合开发利用方面的研究，有关部门在藤茶科研成果转化为生产力方面应酌情加大投入。此外，一个必须引起高度重视的问题是，在开发利用藤茶野生资源时，必须同时强调加强对藤茶野生资源的保护，以防止过度利用野生藤茶资源而导致的资源枯竭或濒危。为此，在开发利用藤茶资源的同时，应加强野生资源的驯化、大面积人工栽培以及新品种（品系）选育等方面的工作。只有这样，才能做到既可以保证野生藤茶资源的可持续开发利用，又能促进藤茶的大规模商业化开发。

藤茶资源的叶和果　　　　　　　　市场出售的藤茶成品——白茶

供稿：广东省农业科学院农业生物基因研究中心　高家东　刘军

（五）京塘细藕——治肾虚的植物鹿茸

京塘细藕，属于睡莲科莲属，学名*Nelumbo nucifera* Gaertn.，2017年12月，广东省农业科学院"第三次全国农作物种质资源普查与收集行动"调查队到广州市花都区准备采集距今已有600多年历史的京塘细藕。

这个生长京塘细藕的藕塘从前只有20多亩，2008年开始扩大生产后，如今的藕塘已经有80多亩。莲藕及藕塘属于全村共有财产，在冬至前一周左右，村干部负责组织将池塘水放干后，全村男女老少都可以挖莲藕，而且谁挖到就属于谁，自家食用或市场售卖都可以，但在此时间段之外进入藕塘挖藕，将被论处为偷窃行为。

挖藕时不能用锄头去挖，因为这种藕又细又长且生长于深泥之中，必须用手顺着藕节慢慢扒开泥，才能将整条藕完整地挖出。因为这种藕价值较高，所以村民都十分小心地去挖。一般长的有1m多，短的也超过半米，最长的有2m多，重达2～2.5kg。莲藕身较细且长，截面直径4～5cm，长度1～2m，好像树根、柴枝，莲节纤细，每节约40cm间距。虽然此藕卖相不太好看，但煲熟之后味道鲜美、营养丰富，且具有保健治病的功效，据村民讲，喝几次此藕煲的汤可以治肾虚、尿频、尿急等症，被当地人称为"植物鹿茸"。带泥的鲜莲藕的价格也可达到每千克50～60元，比一般的莲藕贵好几倍。此莲藕煲汤和爆炒都可以，而用其制成的藕干，挥发了水分，集中了全部营养精华，更是煲汤的绝好材料，藕干的价格可达每千克600元。

调查队在藕塘附近进行资源采集和信息询问期间，塘边的公路旁不断有购买者来此买藕，但藕的数量显然远远不能满足买家的需求。村民说这种供不应求的情况是常态，一是藕本来产量有限，并且挖藕既是体力活也是技术活，每天出泥的莲藕量不会太多；二是本年的挖藕时间已接近尾声，经过前几天的集体大劳作，塘里的藕量已经所剩无几，也很分散，因此每天在塘里挖藕的村民已经很少，挖出的藕一般是想自家吃的，能提供给买家的更加少了。

年轻的村委会主任告诉我们，藕在冬天收成之后，不用再播种施肥，只要再引水来蓄满藕塘，来年春天，荷枝、荷叶又会铺满塘面，平时也不需要额外管理，只要保证不干塘，等到冬天放水挖藕时，一样又是高产丰收。有人曾将这里的藕种引种到别处，但收成时却变了样，味道也远比不上这里出产的莲藕那样清香鲜甜，这京塘细藕就像是大自然赐予当地村民的绝佳珍品，因此也有人把它称作"神仙莲藕"。冬至前一周全村人开挖藕塘的这一传统也吸引了很多外出拼搏的村民回到故乡参加这项集体劳动，以解乡愁之情，这全村出动的挖藕劳动更像是村民们的一次盛大聚会。

采挖到的京塘细藕

京塘细藕采挖现场

京塘细藕晒干的藕片　　　　　　　煲汤中的京塘细藕

供稿：广东省农业科学院农业生物基因研究中心　吴柔贤　郜银涛　刘军

（六）乾塘莲藕——集经济、旅游和文化于一身的宝贵资源

乾塘莲藕，属于睡莲科莲属，种名*Nelumbo nucifera* Gaertn.，湛江市坡头区乾塘镇盛产莲藕，素有"莲藕之乡"的美誉，当地气候良好、土壤肥沃、水质清澈，出产的乾塘莲藕颜如黄玉、肉质细腻、清香甘甜，是闻名粤西的特色农产品。当地农户开创的新的种植方法，把莲藕从水田、河塘中转移至坡地上种植，使得乾塘莲藕的种植技术越发成熟，种出的莲藕更高产更优质。2008年，乾塘莲藕被农业部确认为无公害产品并颁发证书，同年又获得了广东省农业厅无公害产品产地认证。

乾塘莲藕的经济效益很高，一年可种植2造。第一造一般在3月中下旬种植，7月下旬收获，从种植到收获4个多月；第二造一般在7月种植，11月收获。亩产量最高达2 500kg，产值7 000多元，纯利润可达5 000多元，是原来种植水稻纯利润的10倍多。

近年来，随着乾塘莲藕的名气日益壮大，乾塘民众自发成立了"乾塘莲藕专业合作社"，生产规模不断扩大，但一些问题也会随之而来。由于种植面积扩大，导致莲藕产量的快速增长，乾塘莲藕也会遇到"丰产不丰收"的情况，莲藕市场由卖方市场转为买方市场，出现季节性、地区性的过剩，既卖不出好价钱、也造成了莲藕的浪费。为了实现产业转型升级，调动广大合作社社员们的积极性，乾塘莲藕专业合作社经过调研讨论，先后投入800万元建立了藕粉厂，并引入广东省首条藕粉自动化生产线，包括清洗、粉碎、筛渣、成浆、搅拌、干燥、制粉等步骤，一小时能加工莲藕3 500～5 000kg，整条生产线只需要7个工人即可完成生产。生藕性味甘凉，加工成藕粉后其性也由凉变温，藕粉除含淀粉、葡萄糖、蛋白质外，还含有钙、铁、磷及多种维生素，藕粉既易于消化，又有生津清热、养胃滋阴、健脾益气、养血止血之功效。自动化生产线引入后，莲藕种植户就免去了产品过剩的后顾之忧，种植积极性大大提高。

目前，乾塘莲藕种植面积发展到7 000亩，年总产量12 000t，产值6 000多万元，占乾塘镇农业总产值的50%，带动种植户达3 120户，直接受益人口近15 000人。为了响应政府政策号召，乾塘莲藕专业合作社利用社会资源，精准扶贫南寨村61户贫困户

224人，把扶贫资金81万元以合作形式加入合作社。目前乾塘莲藕合作社已招收42户贫困户人员务工，确保每人每月有2 000多元收入及保障，与此同时，贫困户还有10%收益作为分红，大大地提高了脱贫率。

从2015年开始，每年的盛夏季节，乾塘镇都会立足本地丰富的"荷资源"，因地制宜地举办"乾塘荷花旅游文化节"，向慕名而来的游客们推介乾塘莲藕现代农业发展成果，发展起了特色农业生态休闲旅游。荷花节带来了大量的游客，藕农们也摆起了小摊，出售自家的藕产品，有莲蓬、莲子、藕粉、藕粉条等。万亩荷塘、碧叶连天，清丽的荷花开得正盛，游客们在欣赏着令人心旷神怡的荷塘美景的同时也享用到了新鲜莲子、藕粉糖水等美食。除此之外，还有丰富多彩的以荷为主题的表演节目供游客们观看。这样的"农业+旅游"模式，既给乾塘莲藕打响了更广泛的知名度，也促进了当地旅游业的发展，更为当地藕农们带来了可观的收入，可谓是多方受益，不失为一种值得在全国推广的农业发展模式。通过近几年荷文化节的推广，乾塘莲藕的品牌知名度进一步打响。2017广东国际旅博会上，乾塘莲藕作为湛江坡头地方名吃和特色旅游产品亮相，吸引了大批的游客尝鲜购买。

乾塘莲藕生境

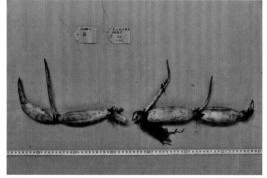

采集的乾塘莲藕

加工车间

乾塘莲藕产品

供稿：广东省农业科学院农业生物基因研究中心　郜银涛　吴柔贤

（七）橄榄果树——我国南方原产特色资源

2016年至2018年10月，广东省通过"第三次全国农作物种质资源普查与收集行动"获得的橄榄资源有89份，分别来自40个县市，北至河源市和平县，南至江门台山市，东至潮州饶平县和梅州蕉岭县，西至湛江麻章区和肇庆封开县。其中，潮汕地区（包括潮州市、揭阳市、汕头市和汕尾市）的橄榄资源尤为丰富，种植历史悠久。2018年资源调查队在潮安区、普宁市、饶平县和郁南县见识到了多种百年以上树龄的橄榄和乌榄树，有鲜食用的檀香橄榄、丁香橄榄、香种橄榄、土橄榄，有腌制加工用的车酸榄和油榄，有核雕专用的乌榄古树。

橄榄［*Canarium album*（Lour.）Raeusch］属于橄榄科橄榄属，又名黄榄、青榄、白榄、黄榔果，原产于我国，是我国南方特有的热带亚热带果树之一，世界橄榄以我国为最多，国内以广东省、福建省最多，广西壮族自治区、台湾省次之。

橄榄树除了鲜食和加工雕刻外还有各个方面的综合利用：现代研究表明，橄榄还具有降压、降脂、抗癌、抗肝毒、抗菌消炎的作用，已制成药品有橄榄清咽含片，各类中医书籍中有关橄榄的药方不下30种；橄榄树的枝节皮叶会分泌一种乳脂，经过熬煎之后，就变成黑色的糖状物的橄榄糖；橄榄树脂并不仅仅作为船舶的黏合剂，品质好的还能成为香料或药材；橄榄树挺拔高耸，木质轻疏松软，故张岱《夜航船》说："此木可作舟楫，所经皆浮起。"按古人造船的最大特点是不用铁钉，有了橄榄树，造船所需的木材和黏合剂就都能够解决，航海就变成了轻而易举的事情。

1. 郁南工艺橄榄

2018年6月26日当我们的资源调查队奔赴郁南县收集资源的时候被路旁的庞然大树所吸引了，特别是上面架着很多的竹竿，树上还能隐约看到劳作的人影。靠近仔细一看，原来是橄榄树，挂树上的每粒橄榄竟都套上袋子，而且这种袋子是用树脂专做的，能将整个橄榄果实给定型，在当地向导的带领下，与古树的种植户沟通才知道，这古树是专门用于核雕的乌榄树，其已有100多年的树龄，在附近还有好几棵百年以上的乌榄树，而且从这些古树上产出来乌榄果实售价为50元一颗，套上的袋子是专门量身定做的，为的是将乌榄的核控制在合适的尺寸范围，经测量，眼前的这颗古树树冠直径21m，高达35m，该古树年产量150kg，每千克有100颗果实。农户还将粗雕刻好的手机挂件（产品）给我们现场赏玩一番，经他介绍，就单单粗加工好的就得上

郁南工艺榄古树

千元左右，好的乌榄核经过精细雕刻可达万元以上甚至不止，可见该种古树为当地创造了可观的收入来源。橄榄与艺术竟能结合得如此完美。

工艺榄叶片及套袋果实

工艺榄雕刻成果

2. 潮汕食用橄榄

潮汕地区位于粤东，主要包括潮州市、揭阳市、汕头市和汕尾市，橄榄树种在该地区的种植和应用非常广泛，当地人对橄榄的情有独钟不仅源于橄榄的深厚历史底蕴，还在于橄榄的独特风味。

橄榄可供鲜食、煲汤或"蜜渍蜜橄榄""甘草橄榄""鱼露酱油腌制""盐腌制橄榄糁""橄榄菜"等多种加工方法。橄榄有助于消化。橄榄果肉含有丰富的营养物，橄榄果肉内含蛋白质、碳水化合物、脂肪、维生素C、钙以及磷、铁等矿物质，特别是含钙较多，对儿童骨骼发育有帮助。中国隆冬腊月气候异常干燥，常食点橄榄有润喉之功。中医素来称橄榄为"肺胃之果"，对于肺热咳嗽、咯血颇有益。

橄榄有多个品种，不同的品种树种不同，外观不同，口感不同，保健价值不同，用途不同。其中檀香橄榄是最好的品种，口感好、药用价值高。檀香橄榄为果中极品，其果小而圆，肉厚而质脆，始品稍带苦涩，嚼后清香甘甜，回味绵长。自唐代以来，被列为贡品。《海阳县志》记载：其种有青、有黄、有乌，乌宜熟食，青者味濇（涩），惟（唯）黄而尖有三棱者佳。黄而尖者，即现在的归湖檀香橄榄，末端呈三棱，果实成熟为金黄色。归湖檀香橄榄现在是归湖镇橄榄的主导品种、也是潮安区橄榄主要品种。长期以来深受粤东人们的喜爱，形成粤东的文化。有历史记载，作为经济作物栽培的历史与潮州历史相近，清代以后发展比较快，特别是新中国成立以后，橄榄得到迅猛发展，改革开放以后，大量橄榄产品进入市场，供应普通消费者。

在很长的历史时间内，潮汕民间称呼成熟时皮为黄色、鲜食口感甘中带香味的橄榄为香种橄榄，皮为青色、口感带涩的橄榄为土种橄榄。由于潮汕地区历来人多地少，生活艰难，很多青年人漂洋过海，到东南亚一带讨生活，俗称过番。一些人逐渐适应后在当地安居乐业，成为番客，称呼潮汕家乡为唐山，老家人为唐人。很多番人在赚钱后就寄钱或物资给家乡的老父母以尽孝心。唐人接到钱都很高兴，恨不得把家里的好东西寄给孩子，但家穷四壁萧然，只能寄一些制作好的橄榄糁、橄榄菜或可鲜食的香种橄榄给孩子。番人接到家乡寄来的香种橄榄后，一口咬下，微涩后的甘甜味和特殊芳香的气味充满口腔，带着满口浓浓的家乡味道，回味无穷。很多老番人在吃过香种橄榄后念念不忘，之后在寄钱的时候叮嘱一定要寄点香种橄榄给他。也不知何时，香种橄榄在番客中被称为唐香橄榄，后来有番人觉得唐香橄榄的香气可比檀香木，唐与檀的音又相近，故又称檀香橄榄。

檀香橄榄是潮安区北部山区主要农业经济收入，现在，上万棵百年以上老橄榄树仍在发挥着经济效益。随着人们对健康的追求，具有优良药用价值的橄榄有很高的发展潜力。只要加大宣传力度，努力开拓市场，橄榄这一南方特色水果发展潜力十分巨大。在品牌建设方面，"檀香橄榄"将依托有关农民专业合作组织，政府进行引导、扶持，加大檀香橄榄商标的宣传，通过实施"无公害""地理标志"认证等工作，努力提升优质"鲜食""菜肴"等优质食品品牌建设。

此次资源调查与收集行动中，除了潮安县市寄送的檀香橄榄外，资源调查队深入基层见识到了百年以上的土橄榄、香种橄榄和丁香橄榄等品种的古树。这些橄榄在当地基本都是直接食用，售价每千克40元以上，好的品种能达每千克200元以上。除了直接食用的青橄榄外，可腌制的百年乌榄古树在潮汕地区也是随处可见：饶平的车酸榄、油榄，普宁的乌榄等。

据当地农户介绍，橄榄古树原本是有很多的，随着城镇化发展，原本种满山头的橄榄树种在慢慢消失，然而，广东地区对橄榄树种的研究及保护较少，仅在饶平县农业科学研究所有1个橄榄树的资源圃。在查阅橄榄相关文献的时候发现，与橄榄相关的文献基本来自源于福建的橄榄资源研究，广东省内橄榄资源的研发利用还未真正起步。

潮安土橄榄古树

普宁乌榄古树

300多年树龄的檀香橄榄树　　　　　　　　　成熟的檀香橄榄果

供稿：广东省农业科学院农业生物基因研究中心　吴柔贤　刘军

（八）恩平簕菜——想要眼睛明，清明吃簕菜

恩平簕菜，属于五加科五加属多年攀援灌木植物，种名*Eleutherococcus trifoliatus*（L.）S. Y. Hu，2017年8月，广东省农业科学院"第三次全国农作物种质资源普查与收集行动"调查队在江门恩平县进行资源收集。调查队采集了簕菜植株，并详细记录了生长在这基地门口和墙角上的簕菜，恩平簕菜由野生驯化而来，其枝节间带刺，刺呈弯钩状，其叶掌状复叶互生，小叶3枚，于叶柄基部亦长钩状刺三根，灌木，高1~7m；枝软弱铺散，常依持他物上升，老枝灰白色，新枝黄棕色，疏生下向刺；簕菜全年可收获，但最佳收获期在春季的"清明"前后及秋冬季的9—11月，可通过扦插和分株进行繁殖；粗生易长，抗性强，且有特殊的香味，病害虫发生较少。

调查队来到雪庄茶厂基地，雪庄茶厂的负责人李劲新从簕菜的栽培、簕菜茶的加工到成品的品尝都做了详细的介绍，目前簕菜茶每千克售价为800元。

恩平人开始食用簕菜的具体时间已经无从考究，但"想要眼睛明，清明吃簕菜"的古老谚语一直流传至今。簕菜具有清热解毒、祛风除湿、安神定眠、舒筋活血及清肝等功效，是不可多得的天然保健蔬菜。簕菜酥脆、甘凉爽口、先苦后甘，风味十分独特。相传清朝年间，恩平有位新上任的知县得了一种怪病，浑身长满了泡。一位大夫诊断其患的是湿疹，就到大山采摘野生簕菜，将其与猪肝、瘦肉煲汤给他食用。吃了一段时间后，知县全身湿疹消失，恢复健康。据中草药书介绍，簕菜性味甘凉，有去湿利肝的功效。一直以来，恩平有不少人患了湿疹，照此方治疗，效果特佳。

1999年，恩平人将簕菜从野外移植到菜园里，开始探索簕菜人工栽培技术，种植成功且获得了"国家无公害认证"，是国内首个成功将簕菜人工"驯化"的地区。由簕菜创制而来的簕菜茶经推出并逐渐改良后，受到广大消费者的青睐，并获得了"消费者信赖无公害绿色产品"等多项认证。由此掀起了簕菜深加工、开发利用的热潮，相继研制出簕菜干、簕菜汤料、簕菜沐浴粉、簕菜美容粉等系列产品，初步形成一条簕菜产业链，恩平簕菜由此迈出了产业化的第一步。

恩平市大人山簕菜专业合作社于2007年9月由当地制作簕菜茶第一人李雪壮先生牵头成立，是一家集种植及加工于一体的生产基地。基地积极实施"科普惠农兴村计划"战略，合作社以"公司+基地+农户"的发展模式扩大簕菜生产，目前已带动恩平500多户农户约2 000人种植簕菜，目前恩平全市簕菜种植面积达420hm²，总产量6 250t，年产值过亿元，稳定了产品的供给与质量的同时也增加了当地农户经济收入，并使簕菜与簕菜茶系列产品成为恩平市旅游特色产品，为恩平创造了社会和经济效益。

同时多家科研单位已对簕菜做了研究，来自五邑大学、广东工业大学、广东省疾控中心、新食品原料评审的专家学者公布了对簕菜的研究成果：簕菜具有抗氧化、抗肿瘤、抗炎作用，具有很好的抗肿瘤活性；簕菜具有明显的降血压、降血脂、抗HBV病毒、保肝作用；簕菜具有抗炎、抗病毒作用，以及降低毛细血管通透性和脆性的作用，能够保持及恢复毛细血管的正常弹性。经广东省农业科学院《野生蔬菜簕菜品质及急性毒性试验研究》报告显示，恩平簕菜适合长期食用。

恩平簕菜在2015年11月通过认证成为国家农产品地理标志产品，地理标志保护制度有效地保护和提高了簕菜的知名度和附加值，对推进和提升簕菜在原产地区的产业化具有特别重要的意义和不可替代的作用。从2015年开始，每年的4月，恩平市都会举办簕菜文化美食节，主推簕菜美食及恩平旅游资源。

栽培中的簕菜　　　　　　　　　　　　　簕菜叶片

供稿：广东省农业科学院农业生物基因研究中心　吴柔贤　刘军

（九）罗勒——热带特种蔬菜

罗勒，唇形科罗勒属，种名*Ocimum basilicum* L.原产于非洲、美洲及亚洲热带地区，分布于热带和温带地区，又称九层塔、金不换、甜罗勒。罗勒对严寒非常敏感，最适在炎热和干燥环境下生长。适应性广，对温度、光照、水和土要求不严，南北方大多数地域均可正常生长。

2016年开始广东省80个目标普查与征集县市陆续将当地的资源寄送过来，罗勒就是其中的一种，肇庆广宁、清远佛冈、汕尾陆丰和揭阳普宁不约而同地寄送了罗勒样本，但当地叫法不一，广宁县和佛冈叫鱼香草，陆丰叫九层塔，普宁叫金不换，后来陆续到各个县市进行实地收集，在许多农户家的菜园里都能发现罗勒，经农户介绍在当地基本都种植有20年以上，都是种一两棵用于日常烧菜调料用。但各地用法也不一，在潮汕沿海地区，罗勒与寻氏肌蛤（潮汕话：薄壳）是绝配，用它炒田螺也是家常便饭，特别是有名的普宁豆干更是需要它来刺激味蕾。除此之外，罗勒也是去腥的好帮手以及南方擂茶的好配方。

经查阅相关文献发现罗勒用途广泛：调料烹饪、潜在药用价值、观赏、精油提取原料、驱蚊等。从药用的观点来看，大多数的研究表明，罗勒具有巨大的药理活性，有抗菌、抗癌、抗惊厥、抗高脂血症、抗炎、抗氧化、降血糖与免疫调节等功能，因此，罗勒具有很大的药物开发潜力。

罗勒在我国一般作为蔬菜栽培，其作为一种新型的特种蔬菜具有很大的发展空间。浙江嘉善嘉鹭休闲农业有限公司在2015—2016年进行了引进试种，经过一年多的栽培种植试验，罗勒已在本地区种植成功，栽培技术也较成熟，每亩日光温室罗勒产量3 000kg，产值36 000元，净收入16 000元，经济效益显著。上海锦乐蔬菜专业合作社常年栽培甜罗勒，面积约2hm^2，平均亩产值5万余元。目前国际上已经有了不少罗勒香草的深加工产品，如精油。用罗勒香草叶提取的精油为黄绿色，成分为甲基黑椒酚、芳樟醇、桉叶油素等。而韩国人在罗勒香草研发上，则开发出了兰香子面膜、兰香子面霜等美容护肤品，还有兰香子果冻之类的食品。

对比国外，我国在罗勒资源的利用上不足，国内对罗勒的研究目前处于栽培阶段的探讨以及相关成分分析上，还处于初步研究阶段，未大量投入人力物力进行生产和深度开发利用，特别是在药用价值上。罗勒作为广东省本土具有潜在利用价值的资源，更需要让更多的专家学者及广东省的企业来开发研究利用该资源。

罗勒植株

罗勒叶片及花穗

供稿：广东省农业科学院农业生物基因研究中心　吴柔贤

（十）紫背天葵——中国特有物种

紫背天葵是秋海棠科秋海棠属的多年生草本植物，学名*Begonia fimbristipula* Hance，为中国特有物种。分布于中国的江西、海南、香港、广东、湖南、广西、福建、浙江等地，生长于海拔700～1 120m的地区，一般生长在悬崖石缝中、山地山顶疏林下石上、山顶林下潮湿岩石上及山坡林下。目前已有人工引种栽培，紫背天葵适应性广，在我国南方地区一年四季均可种植。

结缘认识紫背天葵也是在2016年广东省"第三次全国农作物种质资源普查与收集行动"中，据统计，2016年10月共获得6份紫背天葵资源，当地叫法不一，韶关仁化县叫观音菜，河源连平叫红/白背菜，肇庆封开叫东风菜。在当地都是零星种植用于自家食用，基本都是作叶菜食用。在仁化有野生也有栽培的，栽培的已经有60年历史。仁化和连平都获得2种紫背天葵：紫色叶片和绿色叶片。

紫背天葵是一种集营养保健值与特殊风味为一体的高档蔬菜，鲜嫩茎叶和嫩梢含较高的维生素C，还含有黄酮苷等。嫩茎叶富含钙、铁等，营养价值较高，又有止血抗病毒等药用价值。紫背天葵属于药食同源植物，既可入药，又是一种很好的营养保健品，有较高的经济价值，有待研究和值得研究的内容很多，并且研究开发利用前景很广。

栽培中的紫背天葵（2种）

野生紫背天葵叶片和茎

供稿：广东省农业科学院农业生物基因研究中心　吴柔贤

（十一）合箩茶——历史名茶

合箩茶是产自广东省信宜市金垌镇环球村三唉顶茶场的历史悠久的地方特色茶，是被列入中国名茶历史的名茶类，载入《中国名茶志·广东卷》广东省15个名茶之一。

合箩茶历史悠久，相传很久以前有一神仙担着一担竹箩腾云驾雾神游到三唉顶上，由于长途跋涉很累了就放下竹箩休息，一会儿就睡着了，睡呀睡呀就做了个梦，梦去其他地方了，留下那担竹箩，竹箩年长日久渐渐地化为两块大石，这两块大石形状酷似两个竹箩，所以称作合箩石。清朝乾隆年间，相对侧卧的两块合箩石间长出一丛叶子椭圆、开着白色花、周围异香流溢的灌木（即是后来的合箩茶树），当地有一户姓杨的人家采集了这种树的叶子泡水给他母亲饮，治好了他母亲的脑病，为此，他专门在合箩石下开辟了20多亩茶地，种植此茶，并命名此茶为"合箩茶"，"合箩茶"由此得名，该户就世世代代以经营此茶园为生。

1. 分布状况

合箩茶经过两百多年的不间断起伏种植，截至目前，由当地开发商开发扩种2 000多亩，其主要分布在金垌镇环球村的三唛顶山上，其他地方暂未有种植。

2. 主要特性

合箩茶生长在海拔600m以上的高山顶，生境湿度60%，年平均温度16.5～19.8℃。条索匀细显毫、紧直，锋苗整齐，色泽鲜绿，呈深绿色或带灰白色，按质量好坏分为5个级档。香气独特、清香持久，叶底清绿，滋味醇厚回甘。抗病虫能力较强，经田间自然鉴定，抗炭疽病、云纹叶枯病、假小绿叶蝉虫、小爪螨虫等病虫害，耐寒性强，耐高温，夏季阳光猛烈的高温天气也不会灼伤嫩叶。

3. 利用价值

合箩茶富含咖啡碱、茶多酚、蛋白质、氨基酸、糖类、维生素、脂质、有机酸等有机化合物，以及钾、钠、镁、铜等无机元素，各种化学成分比例协调。据测定，合箩茶含茶多酚38.3%，儿茶素总量132.2mg/g，咖啡碱4.1%，氨基酸3.3%，水浸出物38.99%。具有生津解渴、提神醒脑、去疲劳、助消化功效。也可药用，经临床试验，证明合箩茶有消炎抑菌、防治肠道传染病、防暑降温、降脂、减肥、防治高血压等作用。合箩茶已很好地得到开发利用，上等茶可卖8 000～10 000元/kg，中上等茶可卖2 000～8 000元/kg，一般中等茶可卖400～2 000元/kg。目前，全县合箩茶年产值达1 000万元以上，经济效益明显，有效带动周边农户脱贫致富。

合箩茶种植基地

合箩茶产品

供稿：广东省农业农村厅种业管理处　刘凯

广东省信宜市农业局　陈鸿　罗学优　赖圣芬

三、人物事迹篇

（一）老当益壮的资源专家——吕冰

吕冰，广东省农业科学院作物研究所的资源专家，跟随其父亲的课题组一起成长，曾研究过蓖麻和木薯，现在所在课题组主要研究甘蔗、高粱、薏苡、大薯等作物。

吕冰老师与广东省"第三次全国农作物种质资源普查与收集行动"结缘于2016年的高州市农作物种质资源系统调查，从那时开始，吕冰老师基本全程跟随广东省农业科学院资源调查队从事作物种质资源调查工作。2017年，在广东省农业科学院调查队共出行的22周中，吕冰老师有19周出行，参加了26个县市资源收集工作；2018年共出行的11周中有10周出行，参加了11个县市资源收集工作。吕冰老师在我们的资源调查行动中已是资深的专家，对整个资源的调查收集流程和规范操作已熟悉透彻，并能不断地为我们的调查收集工作提供有用的意见和建议，已成为我们的良师益友。

在整个资源调查和收集中，吕冰老师主要负责资源的鉴定、与农户沟通及资源实物的收集。由于他精通粤语且熟悉各种地方方言，为我们搭建起了沟通的桥梁，多次出行都证实了沟通的重要性。在广东地区有来自各地方的方言：客家话、潮汕话、地方粤语，以及这些方言衍生出来的不同地方语调，也只有地道并有多年经验的吕冰老师可以听懂、读通，特别是在跟老农户交流过程中，吕冰老师和蔼可亲的形象更深入人心；同时吕冰老师熟知各种农作物，让我们年轻队员们增长了许多见识。不同资源采集和繁殖的季节，吕冰老师心中也有数，因此，年轻的队员总可以从她身上学习到不同作物的生长习性，她广泛的阅历和丰富的专业积累为我们的资源调查增添了许多乐趣和见识。

吕冰老师虽有60岁了，但是她身体健朗，总是走在前面。每到农户家，常见的场景就是吕冰老师蹲着或站着装资源，装完资源之后，与农户沟通，沟通完后，农户会很开心地再取出其他的资源，基本都是自留了很多年的农家种。信息记录的同时，吕冰老师已装完袋，此时她便成了我们的翻译员，向信息记录员解说农户提供的详细信息。晚上年轻队员需要加班处理资源和补充拍相片的时候，吕冰老师在没有午休的情况下，还跟我们一起加班，并协助指导我们处理和保存资源，与队员们和谐地完成一整天的工作，即使这样，她依旧是第二天早上最早打卡出门的队员。

一路走来，吕冰老师也成为了我们身边的医生，为中暑队员推荐良药，为长痘队员推荐山上采集的中药，也为加班的队员煲祛火汤。她生活上的睿智也是我们年轻一代应该学习的，特别是在队员之间或队员与当地相关人员意见相左的时候，吕冰老师能通过各种方式化解其中的尴尬与不快。记得有一回，当地向导对我们的行动有很大的误解，工作开展不是很顺利，在车上，她不断地用当地话与对方沟通和解说，缓解了对方的抵触情绪。她机智的处理方式让我们年轻人都无比佩服。

队员们对吕冰老师给予了很高的评价，大家都认为吕冰老师是一个很接地气的老专家，是农作物的"百科全书"，她学识广博而又平易近人。她虽然退休了，依然保持着一颗童心，很谦虚低调，不懂的问题向她请教，她都会很细心地跟你交流。最主要的是她那积极乐观的生活态度，让你会不知不觉受她影响，热爱生活，善待身边的每个人。

吕冰老师除了在种质资源收集行动中给予了大力支持外，在种质资源鉴评工作方面也是竭尽全力，她所在的课题组就包揽了6种农作物种质资源的鉴评工作：甘蔗、芝麻、高粱、薏苡、大薯和芋头。她亲力亲为下田进行资源繁种和鉴定评价，为我们提供了可靠的田间鉴评数据和扩繁资源。

对我们的吕冰老师说声谢谢，辛苦了！谢谢她对资源收集和鉴评工作的支持和配合！

吕冰老师（左一）在阳春市农户家收集资源　　　吕冰老师（左三）在郁南县农户家收集黑豆资源

供稿：广东省农业科学院农业生物基因研究中心　吴柔贤

（二）种质资源普查行动后勤团队——基因中心种质资源室

广东省农业科学院承担"第三次全国农作物种质资源普查与收集行动"之广东省农作物种质系统调查与抢救性收集工作，项目由易干军副院长主持，广东省农业科学院生物基因研究中心承担项目系统调查与组织管理工作。从2016年启动开始，通过三年的刻苦学习、努力实践、及时总结与快速提高，顺利圆满地完成了资源收集的各项任务，其中后勤团队功不可没。通过固定的后勤团队，交替负责每个县（市、区）的联络沟通与资源收集、处理、归纳总结，既能提高工作效率又能增加工作的熟练程度。而广东省行动后勤团队自始至终都是由生物基因研究中心种质资源室负责，其中表现出色的人员有吴柔贤、郜银涛、徐恒恒、高家东等。

1. 吴柔贤

吴柔贤从项目启动初的物资采购开始就一直跟进该项目，她目前主要负责后勤相关的人员调配，沟通具体事项以及资源的接收、收集、保存与分发、归纳总结、数据提交等。经历了3年上山下乡进村的野外考察收集历练，吴柔贤已经有了丰富的实战经验。作为后勤团队的领队，她不仅能够充分协调收集工作的节奏，使得团队高效率地收集到有价值的资源，还能与当地农户进行良好的交流，通过细致入微的观察与友好的沟通，在取得农户们的信任与支持后，获得农户家珍藏多年的宝贵种子，每次收集行动结束的时候，农户们都会记住这个说话温柔、办事麻利的小姑娘。

由于吴柔贤长期负责与广东省80个县（市、区）的负责单位联系，与广东省农业科学院各研究所有关人员沟通资源的分发、核对和鉴评，与国家资源圃和项目办沟通联系，很多其他单位的工作人员都与她有过邮件或电话联系，因此很多人都是先闻其名，再见其人，等到下乡收集种质资源或者领取资源的时候，才知道电话里那个事无巨细、安排妥帖的原来是一个身材娇小，却魄力非凡、才华横溢的小女生。

在领导的指挥下，她带领团队成员们一起克服困难，翻山越岭，可登峻峰采茶，可下沼取藕，踏踏实实地用双脚丈量着脚下的土地，成为祖国大好河山的见证者、收集者、记录者。吴柔贤从建队之初一直锻炼成长到现在，她已经成为这个队伍的定心丸，是团队不可或缺的核心人员。吴柔贤对这份工作也有着深厚的感情，收集的资源经过分发、归纳和统计，获得的数据不仅仅代表着种质资源收集的份数，也串起了吴柔贤和队员们的宝贵青春。

截至2018年12月，吴柔贤累计参加了20个县（市、区）的资源收集工作，其中主要组织了13个县（市、区）的资源调查收集行动，共计1 200余份资源，记录了超过1 000份的资源信息表格。同时接收了80个县市寄送的2 453份资源，分发寄送保存整理了7 001份资源。

吴柔贤（左一）在江门恩平与农户咨询资源详细信息

2. 郜银涛

在种质资源室后勤团队里，有一个可靠踏实的河南小伙子，他就是郜银涛。在野外采集种质资源的行动中，他不仅负责拍摄各种环境下的植物生长状态，也为团队顺利行动提供了有力的保障。特别在2017年广东省共需要完成33个县（市、区）的资源收集任务时，他能连轴转，与同事交替下到基层（基本上，每隔一周就得下乡），负责资源收集工作的后勤工作，大家开始行动之前，他要组建专家团队，与对应县（市、区）负责单位沟通协调，制定工作指南、整理分发好采集物资，在线培训安排好每个人的工作内容，保证行动时工具到位、人员到位；而当收集任务完成以后，物资和人员归位，他还要对采集回来的种子或者果实进行拍照，保证这些庞杂的种质资源都保存有相应的影像，便于后期的整理记录。尽管郜银涛的工作任务重，但是他总是默默地把这些工作完成，一次次下到田埂、泥潭、险峰上记录植株的生境照片，自己却很少留下工作照。在每一份种子的资料档案上，都有他付出的汗水与心血，那是他辛苦工作，为每一次行动保驾护航的证明。

截至2018年12月，郜银涛累计参与了31个县（市、区）资源收集工作，主要负责组织了13个县（市、区）资源的调查收集行动，共获得大约1 500份资源、拍摄3 000余份资源的2万余张照片。除此之外，还要对获得的资源进行后期处理，如资源核对和备份、资源的临时入库保存等，他细致的工作作风，为行动的顺利完成提供了保障。

郜银涛（左一）在云浮罗定与农户沟通

3. 徐恒恒

徐恒恒性格活泼爽朗，办事雷厉风行，是种质资源室后勤团队中的得力干将。在此次资源收集行动中，她主要负责收集行动中最费工夫和精力的表格填写，广东省地大物博，乡镇间十里不同音，而留守在农村里的往往是上了年纪不会说普通话的老年人。作为一个山东女孩，徐恒恒克服了沟通难题，发挥了她的亲和力，经过几年的锻炼，也能够和本地人无障碍地交流了，而这背后，是她一遍又一遍耐心地询问、认真地沟通，以及用心地倾听所积累下的经验。每一次行动收集的种子往往有几百份，在收集的时候徐恒恒不仅要记录这些作物的生长周期、播种时间以及产量等指标，还需要询问农户们很多详细的情况，因此每天要与农户们进行大量的交谈，并且在回去整理资料的时候，还要对这些资源进行后续的统计与补充，而这些工作往往要持续到深夜。正是徐恒恒出色的沟通能力和勤勤恳恳的工作态度，保证了种质资源收集行动的一次又一次的顺利完成，不断积累起来的资源也代表了徐恒恒在其中所付出的辛苦劳动与宝贵青春。

截至2018年12月，徐恒恒累计参与了31个县（市、区）资源收集工作，主要组织负责了15个县（市、区）资源的调查收集行动，共计收集到1 500余份资源，记录了超过1 500份资源的信息表。特别是在2017年广东省共需要完成33个县（市、区）的资源收集任务时，作为一名女同事，她也能连轴转，与郜银涛交替下到基层（基本每隔一周就得下乡），负责资源收集工作的后勤工作。资源收集结束后，徐恒恒还负责资源表格的电子信息录入及汇总，她任劳任怨和积极乐观向上的工作态度成为行动中的亮点。

徐恒恒（左二）在阳江阳春市与农户沟通咨询资源详细信息

4. 高家东

高家东作为资源调查行动最开始参与人，截至2018年12月，累计参与了22个县的资源收集行动，其中组织负责了5个县（市、区）资源的调查收集行动。在行动中主要负责资源的挖取和采集工作、协助沟通以及酒店预订等工作，队员给予了他"大家长"的称号。

尽管采集任务已经告一段落，接下来还有资源的鉴评、保存、展示和科普等大量的工作需要后勤团队去完成，到那时，这些种质资源就不再仅仅沉睡在冷库和资源圃里，它们会在温室和陈列厅里用花朵和果实述说种质资源团队的所有故事。

随着生物基因研究中心机构的改制，植物种质资源鉴评研究室已由原来的7人团队发展到今天的15人团队，其他人员也为行动付出了努力，他们是：张文虎、陈兵先、张琪、李秀梅、戴彰言、唐培洵、史敬芳、李清、贾俊婷、杨靖添、张月香等。

截至2018年12月，广东省资源收集行动组共有525人次参加了43周52个县市的资源收集行动。我们的队伍在581名基层干部及农技人员带领下，走过了339个镇770个行政村共计55 615km，在881户农户家收集了3 621份资源。调查队累积加班时长为585h。

发展壮大后的种质资源鉴评研究室后勤人员在饶平县的合影

供稿：广东省农业科学院农业生物基因研究中心　吴柔贤　李清

（三）蔬菜原种育种者——陈列高

汕头市澄海区列高蔬菜种子研究会成立于1989年8月，致力于蔬菜原种的研究开发和蔬菜优良品种的示范推广，给当地农户提供技术上的支持，为农民科技致富发挥了示范带头作用，受到了当地农民群众的广泛赞誉。

2017年调查队来到汕头澄海区，结识了列高蔬菜种子研究会的董事长陈列高，据介绍，陈列高是原种农民育种家，有着30多年的蔬菜原种育种、栽培技术经验，带领研究会会员不断进行着育种科学研究试验，从常规育种到杂交育种发展到如今"三系育种"，重点以苦瓜、南瓜和番茄为主导，以十字花科为主线，选育出一批高质量、高纯度、信用好的优良品种。到目前为止，列高蔬菜种子研究会已经自主研究出苦瓜、黄瓜、南瓜、番茄、萝卜、芥菜等蔬菜品种100多个。经沟通交谈发现，研究会现与各大企业合作，可以根据企业需求培育出目标性状的优良品种，与此同时，陈列高的两个儿子也与其一起并肩作战，加入了蔬菜育种行列。在此次调查行动中，陈列高提供了包括野生苦瓜在内的几份资源，因为列高蔬菜种子研究会在当地蔬菜行业起着龙头作用，所以与调查队员分享了澄海蔬菜育种的现状。

与育种并进的同时，陈列高经常奔走于各地的蔬菜生产基地和种植农户的田间地头，为群众提供无偿的技术指导，并且积极促成当地农民群众及附近学校学生到蔬菜原种基地进行参观、学习、实践等，使周边农民对科学种田的认识得到深化，顺势推动了当地农业的现代化发展。

陈列高（左一）和调查队员沟通交流中

供稿：广东省农业科学院农业生物基因研究中心　郜银涛　吴柔贤　刘军

（四）清远阳山"晶宝梨"培育人——余碧其

　　洞冠梨是清远阳山特有的水果，在20世纪80年代初，余碧其凭借着对农技的热爱和对洞冠梨的兴趣，在自家田地进行了试种，对洞冠梨的优、缺点非常了解。洞冠梨个头硕大、味道独特，剖开后可存放数天而果肉不变色，缺点则是果皮较厚、果肉口感略差，并且由于果实个头大，若要保护果实就需要搭架支棚，比种植一般梨树花费更多的人力、物力、财力。

　　为了让这种历史上曾作为贡果的梨进入寻常百姓家，余碧其决定对洞冠梨进行技术改良。经过多年的摸索和试验，余碧其在台湾香水梨和阳山洞冠梨的基础上培育出了"晶宝梨"，其果实的品质不但把洞冠梨的优点传承了下来同时又具台湾香水梨的特色。晶宝梨果皮光滑、果质肉嫩多汁、香蜜清甜、果芯幼细、肉质洁白、风味独特，正常情况下单果重0.5kg左右，最大单果达1.6kg，除此之外最大的一个特点就是综合了洞冠梨的最大优点，剖开后可存放数天不变色。

　　在培育出晶宝梨之后，经过数年积淀，余碧其于2013年成立了阳山县碧其水果种植专业合作社。他在原来的基础上扩种了400多亩晶宝梨，并带动周边农户一起种植。目前，余碧其创办的合作社建立了晶宝梨种植示范基地1 100多亩，带动120多家农户种植1 600多亩，亩产值达1万元以上，户均年增收达10万元以上。

余碧其和调查队员沟通交流中

供稿：广东省农业科学院农业生物基因研究中心　邵银涛

（五）和平县"猕猴桃之父"——邹梓汉

广东省河源市和平县在20世纪80年代初对全县的野生猕猴桃资源普查过程中，有关专家发现和平县野生猕猴桃资源比较丰富，当时全和平县的17个镇中，都在山野中发现了野生猕猴桃树的踪影，虽然其果实较小，但味道鲜美。经过分析，有关专家认为和平县地理资源和气候条件很适合种植猕猴桃。经过当地政府、科技人员和广大果农多年来在猕猴桃种植业上的不断努力，如今和平县猕猴桃总种植面积已达5万多亩，年产鲜果12 000多t，成为全国最南端的优质猕猴桃生产基地，猕猴桃也成为和平县最具特色的水果产品。

被当地誉为和平县"猕猴桃之父"的邹梓汉是和平县猕猴桃产业的重要奠基人之一。从1979年开始，邹梓汉便参与全县猕猴桃野生资源普查，并开始引种野生猕猴桃，开展猕猴桃品种引进选育和技术推广，并于1984年成功选育出和平县主栽品种之一的"和平1号"美味猕猴桃。在邹梓汉从事水果技术研究与推广的30多年中，他在猕猴桃、百香果、梨、茶叶等水果和经济作物的技术研究和技术推广中做出了突出的贡献，并且不遗余力地主笔编写河源市农业地方标准《和平县猕猴桃综合标准》《猕猴桃种植技术规程》《马增茶种植技术规范》《西番莲种植技术规程》等。

在2016年的"第三次全国农作物种质资源普查与收集行动"和平县资源普查与征集行动中，已经70岁高龄的邹梓汉也加入了调查队伍，并带领队员们上山采集如毛花、多花、黄毛、京梨等各种类型的野生猕猴桃资源，并提供了和平县的珍稀品种金玉猕猴桃，为此次全国性的行动再献一份力。

邹梓汉向调查队员们介绍山路旁的野生猕猴桃

供稿：广东省农业科学院农业生物基因研究中心　郜银涛　陈兵先

（六）茂名化州农民专家——彭何森

农民朋友是调查行动中最重要的种质资源提供者，他们热情好客、善良淳朴，一些农民了解到这项工作背后的意义之后，毫无保留地将自家的种质资源拿出来，争相贡献自己的一份力量。期间，发生了很多令人感动的、有趣的事。

彭何森今年65岁，是化州市新安镇的科技示范户，也是当地的种植能手。调查队来到他家后，当地农技人员向他简单介绍了到访的目的。随后，他积极地从家中里屋、楼上找到各种豆类品种供调查队员挑选，妻子还从隔壁的老宅中翻出珍藏已久的黑坡豆。为了采集到当地的特色姜，彭何森扛着锄头，带领大家前往偏远的田野里，挖掘出的沙姜、山姜、生姜等可以直接用来繁殖。

调查队在彭何森一家共收集到10份种质资源，调查队员在进行资源表填写时，向彭何森请教了每种资源的农艺性状等问题，他对每种作物的种植技术、生长周期、生育习

彭何森正详细跟资源调查人员沟通资源种植情况

性等了解得非常清楚，语言描述也相当专业，表格记录员连连赞叹，称彭何森是历次调查行动中资源描述最详尽、最专业的农户。

供稿：广东省农业科学院农业生物基因研究中心　郜银涛　吴柔贤

（七）山间资源如数家珍——曾剑民

在历次资源收集过程中，调查队经常去往山上收集野生或当地特有资源，在潮州市潮安区，调查队去往凤凰镇康美村采集资源。当地村民曾剑民不仅将自家留存的农家种拿给调查队，还主动提出要带队员到附近山上走走，自己对山路很熟悉，许多资源的分布地点他都十分清楚。

康美村就坐落在几座山的山脚下，曾剑民骑上摩托车在前带路，调查队车辆跟随进山，在曾剑民的带领下，调查队先后收集到了一批地方品种如橄榄、柠檬、柿子和枇杷等资源。遇到汽车不方便进入的地方，曾剑民提出骑摩托车带个别队员上山采样，调查队长冲在一线，带着照相机、GPS记录仪、记录表格等搭乘在摩托车后座，采集到了山间生长的紫茶、黄叶茶、野生蕉等资源。在下山返回村子的路上，曾剑民又示意停车，向调查队推荐了路旁小溪边的艳山姜资源。

像曾剑民这样对自家附近资源如数家珍的农民朋友还有很多，正是由于他们对当地种质资源的守护与传承，才使得这些资源仍有机会受到保护，而不是被遗忘在山野间自生自灭。

曾剑民向调查队员介绍资源情况

供稿：广东省农业科学院农业生物基因研究中心　郜银涛　吴柔贤　刘军

（八）积极提供资源的抗战老英雄——襦炳文

在广东省罗定市附城街道洋厂村，调查队员在资源收集时有幸遇到一位抗战老英雄襦炳文，老人家已经91岁高龄，身体略显佝偻但精神依然矍铄。在当地农技人员的沟通下，老人家清楚了调查队的来意，十分乐意地给队员们拿出自家留种多年的黑豆、黄豆、大蒜、白菜、高粱等资源，并向记录员描述这些资源的具体信息。

调查队员们一开始并不知道襦炳文的身份，在向导的介绍下，队员们才惊讶地得知老人家参加过当年的抗日战争，是一位抗战老英雄。老人家对自己当年的抗战经历相当自豪，拿出了由中共中央、国务院、中央军委共同颁发的"中国人民抗日战争胜利70周年纪念章"，队员们怀着崇敬之情瞻仰了这枚珍贵的纪念章，并提出与老人家合影来记录这次难得的相遇。

像襦炳文老先生这样，年轻时为祖国的建设付出了后人难以想象的代价，如今年事已高却依然为国家的种质资源事业发挥余热的老人家，我们遇到了很多。现在的农村，年轻人大都外出工作，村内留守的几乎都是上了年纪的老人家和年幼的小孩子。在农户家的资源调查中，正是这些老人家对农村和田地的深厚感情，才使得在本地种植了几十年甚至上百年的种质资源不至于遗失。他们的子孙后代，可能不会再接触田地，即便接触，这些留种多年的农家土种也可能抵不过市场上高产、高抗新品种的冲击而渐渐消失。而这些老人家的坚守，是我们把这些种类繁多的农家土种收集保存起来的最后机会。

襦炳文与全体调查队员们合影留念

供稿：广东省农业科学院农业生物基因研究中心　郜银涛　徐恒恒　刘军

（九）药用野生稻守护人——李作伟

2017年8月，广东省资源调查队员在河源市东源县开展"第三次全国农作物种质资源普查与收集行动"。河源市东源县共收集到种质资源198份，位居全省第一，其中包含河源火蒜、野生猕猴桃、野生白杨梅、野生蕉、药用野生稻等资源。调查队之所以能在东源县高效率地收集，离不开东源县种子管理站站长李作伟的全力支持。

李作伟1981年参加工作，从事农技推广服务36年。曾先后任河源县种子公司副经理、河源市郊区种子公司经理、东源县良种技术服务站站长、东源县农业技术推广中心主任，2008年至今任东源县种子管理站站长、主任，东源县第八届人大代表。2011年被广东省科技厅聘为农村科技特派员，2014年被河源市农业局聘为种子发展项目专家库专家，2017年被广东省农业厅聘为12316"三农"信息服务平台专家库专家。他全心全意服务"三农"，致力于良种良法的试验和推广应用，为农业增效、农民增收、农村发展做出了突出贡献。曾先后荣获市、县先进科技工作者和先进科普工作者等荣誉。近年来，李作伟共有9项主持或作为主要完成人实施的科研成果分别荣获市县科学技术进步奖和广东省农业技术推广奖。

在调查队到来之前，李作伟站长和同事们已经跑遍了全县21个乡镇，摸清各乡镇的农作物种质资源分布情况，为调查队的工作做足了功课。2017年8月21日，为了提高工作效率，使调查队在当天下午就能顺利展开调查工作，李作伟站长和同事们早上6点就前往灯塔镇等待调查队员的到来。具体开展资源调查工作时，李作伟站长如数家珍，总能带领调查队员找到满意的资源。李作伟站长还带队前往涧头镇开展资源收集工作，顶着夏天的烈日带调查队员上山去收集野生大蕉、野生猕猴桃和野生柠檬等野生资源。为了让我们收集更多的资源，李作伟站长在车内空调坏掉的情况下依然尽心尽责带领调查队员前往预先联系的地方收集资源。

李作伟站长对农作物种质资源保护工作的重要性方面深有体会。据悉，早在2012年，根据第二次全国种质资源普查（1979—1983年）的记录，广东省农业科学院水稻研究所工作人员去东源县寻找野生稻。20世纪70年代，广东省曾有71个县（市）有野生稻分布，东源县涧头镇的长新村是其中一个分布点，但30余年过去，由于环境的改变，目前大多数野生稻分布点都已经消失。广东省农业科学院水稻研究所科研人员按照30多年前的野生稻普查记录，带着一丝希望来到东源县涧头镇长新村寻找当年的野生稻分布点。当天，科研人员在长新村山间地头寻找野生稻，但寻找许久未有收获。科研人员却意外在返程的山路边发现了200多株药用野生稻。李作伟站长在现场见证了这一刻，他回忆说，当时科研人员都很兴奋，一个晚上都在查阅资料。据了解，药用野生稻零星分布于我国广东、广西、云南省（区）的部分县，广东仅在西部地区有零星分布，首次在广东其他地区发现。科研人员发现药用野生稻分布点周围竟是一个养羊场，有一部分野生稻已经被羊吃掉了，亟待当地人员进行保护。李作伟站长通过与当地村委会和农民沟通，扩大野生稻保护重要性的宣传，争取到了当地人的支持，并通过项目扶持等，成为该药用野生稻分布点的守护人。

李作伟站长在药用野生稻分布点

供稿：广东省农业科学院农业生物基因研究中心　徐恒恒

（十）可敬的农技干部们

广东省"第三次全国农作物种质资源普查与收集行动"的顺利开展离不开每个县市农技干部们的帮助。调查队去到的每个地方，都有2个以上当地县市的总向导，这为资源的收集提供了很大的便利。在此期间，恩平市的何艺超、阳春市的黄火炬、蕉岭县的张玲玲和赖仕彬等农技干部积极主动，热情地与村委干部和农户交流与沟通，为农作物种质资源的收集工作顺利开展做出了巨大贡献。

恩平市农业技术推广中心主任何艺超，在需要采集野生稻的情况下，专门换上短裤和拖鞋，下到沼泽地采集野生稻和越芋。何艺超主任的亲力亲为，感动着调查队员。

阳春市农业技术推广中心主任黄火炬，在基层工作数年，有很好的群众基础，为我们收集工作的顺利开展提供了很大的帮助。每到达一个乡镇，黄火炬主任会提前联系好当地的农技人员，让他们提前做好准备，有些农户由于白天出去忙农活家里没有人，会通过村委会干部提前把资源准备好放在村委会，等待我们前去收集，因此大大地提高了收集的效率。

蕉岭县农业局的赖仕彬在调查队到达之前，多次跟调查队沟通，询问调查工作所需，将前期工作安排得十分妥当，每天上下午两个小组分别去哪些地方，各个镇由哪位站长进行工作对接等，都按调查队的要求进行了详细计划。赖仕彬和张玲玲分别带领一个小组，收到的资源情况两人基本都可以进行介绍，加深了调查队对蕉岭当地资源的了解。张玲玲出身园艺专业，跟赖仕彬都是老专家，在当地农业局已有30多年的基层工作经验，采集番石榴过程中不顾下雨天及蚊虫叮咬帮我们修剪枝条。

大埔县农业局房锦川站长在我们下去调查前已经将大埔各乡镇的资源情况作了全部的摸底，调查队到达后有的放矢，资源收集效率很高。房锦川站长、胡瑜站长在调查过程中全程陪同，由于平时经常下乡，他们与当地科技人员和农户也非常熟悉，沟通交流非常顺畅，在调查表的信息填写上提供了很多帮助。

每一位县市农技干部的支持和帮助，使我们资源调查工作顺利完成，向每一位服务在基层一线的农技干部们致敬！

何艺超采集芋头

房锦川帮忙收集种质资源

张玲玲辅助调查队员填写表格

供稿：广东省农业科学院农业生物基因研究中心　吴柔贤　徐恒恒

（十一）炒爆米花的古稀老人——陈群娣

2018年5月23日下午，沿着山路驱车一个多小时，来到广东省阳山县黄坌镇水吊村。简陋的土坯房建在悬崖边，零零散散几户人家。那里视野开阔，空气清新，但是地处偏僻，人烟稀少。昏暗的房子里，65岁的陈群娣正在里屋整理保留下来的老品种种子。当老人端出10多个老品种，在场的广东省农业科学院调查队的队员相当激动，因为这些都是非常具有地方特色的宝贵资源。

大暑麦、爆米麦、三角麦、黄花豆、白眉豆、彭皮豆、红芽芋头……共计10多个品种。这个村子离黄坌镇街道有好几个山头，交通非常不方便，加上村民平时舍不得出去花钱买新品种种子，所以年年种着自己留下来的种子，才使得这些老品种保留下来。

看到有这么多的地方品种，大家立即就开始整理资源，写标签，填表格等。天气炎热，老人家见大家忙碌着，就准备了茶水和爆米花。队员们对爆米花很好奇，于是就问爆米花是用什么做的，怎么做的。老人家解释说这个爆米花是用爆米麦（玉米）炒出来的。听到答案后，队员们觉得太神奇了，小小的一粒玉米竟可以变成一个白胖的爆米花。

过了一会儿，陈群娣老人在厨房燃起柴火，洗干净大铁锅，然后将一把爆米麦放进已经烧干的锅里，再拿着炊帚不停翻动锅底，大火30秒左右，只见锅里的玉米开始一个个爆开，这时老人家赶紧拿锅盖盖住锅，防止爆米花飞出，还时不时地观察一下锅里剩下多少没爆开花的玉米，不久一盘爆米花新鲜出炉了。老人的热情好客深深地打动了我们。

农作物种质资源是国家的关键性战略资源，对其开展普查与收集行动是对珍稀、濒危作物野生种质资源进行抢救性保护的重要举措。有这样一批农民，对地方老品种坚持，几十年不断保留，年年种植；淳朴无私，家里并不富裕，留下一点儿种子自己播种，其余的都毫不保留地交给了我们调查队；待人热情好客，积极带着我们去山上或田地去采集特色资源。正因为有他们对资源调查工作的支持、包容和配合，调查队才能在每个地方收集到具有代表性的地方品种，顺利完成资源调查收集工作任务。谢谢他们为我们大家守护这前人传下来的为数不多的老品种，让我们现在还能找到并保存，意义重大，向可爱的人致敬！

陈群娣老人在炒爆米花

爆米麦和爆米花

供稿：广东省农业科学院农业生物基因研究中心　张琪　吴柔贤

四、经验总结篇

（一）广东第三次农作物种质资源普查与收集行动经验总结

广东省"第三次全国农作物种质资源普查与收集行动"于2016年启动，在协助完成广东省80个县（市、区）的普查与征集工作基础上，广东省农业科学院完成了24个系统调查县（市、区）的种质资源系统调查与抢救性收集工作。还承担了广东省农业厅安排的专项项目资金320万元，增加12个县的普查与征集以及10个系统调查县的资源收集工作。目前完成了所有收集任务指标，共获得7 001份资源，超额完成任务。广东省在此次行动中能完成任务，并作为省级农业科学院的代表受邀在农业农村部"行动"工作调度会上作典型代表发言，主要源于不断总结、及时改进，形成一套行之有效的广东"行动"工作流程。

1. 领导重视，精心组织

自"第三次全国农作物种质资源普查与收集行动"启动以来，广东省农业厅、广东省农业科学院等领导高度重视、积极响应，成立了广东省第三次农作物种质资源普查与收集行动领导小组。在"第三次全国农作物种质资源普查与收集行动"领导小组和广东省第三次农作物种质资源普查与收集行动领导小组的统一领导下，项目负责人易干军副院长根据《第三次全国农作物种质资源普查与收集行动实施方案》的要求统筹安排，精心组织与谋划。首先确定了参加此次行动的相关单位和分工，农业生物基因研究中心负责项目统筹、管理及组织协调、资源入库、保存、鉴评及提交等工作；水稻研究所等其他7个单位相关专家负责不同类别作物种质资源的调查与收集，并对所收集的种质资源进行繁殖和基本生物学特征特性鉴定评价、编目等。进而指导制定各年度广东省农作物种质资源系统调查与抢救性收集实施方案。在资源收集工作正式启动前，组织开展了两次筹备会，研讨具体工作开展的流程和细节，还组织专家团参加广东启动会暨普查与征集培训班，确保收集农作物种质资源以及填写信息表的准确性。在三年的资源收集工作中，不断更新参加行动工作的专家名单，专家团队在2016年度的基础上增加了很多年轻的科技人员，团队结构更合理，工作职责更清晰，行动执行更规范。

2. 不断总结，及时改进

2016年7月14日启动了第一次系统调查收集，分三个队伍分别到高州、信宜和廉江进行为期3天的资源收集工作。在第一次实地调查收集中三个工作队都出现了许多问题，之后的总结会也讨论并提出了改进措施。总结会上，易干军副院长对基因中心提出开展前期摸底调查的指示。基因中心领导班子根据指示要求，带领种质资源研究室的后勤队员开展了多个县（市、区）的项目宣讲和沟通联系，并针对县农业局/种子站/推广中心参与资源普查与征集的技术人员及（乡）镇一级的农技推广人员对"行动"的认识不清、开展资源普查与收集工作无从下手等诸多问题，进行了系统的技术培训。这种前期摸底工作得到了刘旭院士的肯定。

针对2016年收集获得的资源成活率低、资源类别偏离要求、收集效率低等问题，基因中心进一步开展认真调研，发现大家对本次资源收集的理解存在误区，将野果、珍贵药材和商品化的名特优品种当成重点收集方向，费事费力，导致整个收集工作进展缓慢。因此我们及时改进并完善了资源调查队2017年以后收集工作的具体流程：统一组织综合调查队在收集过程中，采用以走村入户收集古老育成种及农家地方种为主，上山采集野生种为辅的策略开展工作。在此基础上鼓励不同专业收集队伍，专门针对野生资源如野生茶树及珍稀果树等进行资源收集，达到查漏补缺的效果。

实践证明，前期摸底调查与走村入户的收集策略成效显著，不仅使得资源收集工作顺利开展，而且对资源的认知信息及使用历史更加清晰，为进一步推动资源的鉴评和开发利用工作奠定了扎实的基础。

3. 认真准备，流程规范化

（1）前期摸底，做好培训。基因中心三个负责人根据计划带领基因中心种质资源鉴评研究室人员下乡到目标县（市、区）进行前期摸底调研，通过对项目内容解读宣讲和实际场景技术培训。通过发放制定好的包含资源分布等信息的表格，给对应县（市、区）的项目负责人进行信息搜集和填写并回收。通过前期的摸底调研行动，我们能更好地掌握相关县（市、区）资源状况、种类、分布信息，再由资源调查队按流程进行资源调查收集工作，以确保执行的目的性，提高工作效率。

（2）认真准备，有的放矢。2016年至2018年年初，易干军副院长每年都会主持召开上年度农作物种质资源普查与收集工作总结暨本年度工作部署会议，进一步总结上一年的经验教训，并制定了本年度广东省系统调查实施方案。根据实施方案要求，基因中心负责人带领后勤人员对方案要求进行详细分解，并制定了调查工作计划表，安排相关人员进行前期摸底和调查前的准备工作：补充物资、联系专家团队、购买保险、统一服装等。

根据与专家协调和工作计划表，广东省资源调查队基本是每周完成一个县（市、区）的资源调查工作。每周开启资源调查之前，后勤人员会根据前期摸底获得的资源分布情况，邀请对应专业的专家参加资源收集行动，组建团队，通过QQ群进行在线培训。根据与当地工作人员沟通协调，规划行程，制定工作函和工作指南。准备相关纸质资料和收集相关物资准备，并做好租车安排等工作。截至目前，共有525人次参加了43

周52个县市的资源收集行动。

特别在与县（市、区）项目负责人员取得联系后，做好前期行程沟通规划可以使整个调查行动顺利开展。揭阳市揭西县的资源调查收集行动就是一个很好的实例，在与揭西县农业局的温荣浩股长进行有效沟通后，他能很快明白资源调查程序，并结合当地一半潮汕、一半客家的特点制定了2个小分队的调查路线，这样能使资源调查队在人员分配上有的放矢，为调查行动顺利开展做好铺垫。

（3）现场培训，言传身教。吸取2016年所收集资源类别五花八门的教训，种质资源室后勤团队根据相关任务要求，结合之前收集资源类别及处理情况，列举出了建议采集的资源类别，并汇总成列表，放在制定的工作指南中。专家们在工作中再根据该表格收集资源，做到目标明确。另外，调查队成员在与当地农技人员和基层干部向导沟通交流的时候，一再强调项目办要求的资源标准：野生近缘种、自留多年的农家种、栽培30年以上的育成品种以及多年的古树、濒危种等。

2017年开始，刘军等调查队队长每次在到达调查县的第一天，便与县（市、区）的向导一起到农户家进行实地资源收集，开展现场培训，通过实地演示"广东农作物种质资源收集的标准流程"，不仅培训了初次参加资源调查的青年科技人员，更重要的是为当地农技干部和各级向导提供实践机会，以使县（市、区）的向导能很快了解我们收集资源的规范化流程，为后面资源调查的顺利进行奠定基础。

（4）合理安排，提高效率。在实际工作中通过与地方工作人员交流，确定资源分布情况，重点将收集路线定位于相对贫困的农村或山区，由乡镇和村干部及农技人员等基层工作人员带领，直接到农户家房前屋后及田地或者山林里，专家团调查队实地鉴别采集。截至目前，调查队伍在581名基层干部及农技人员带领下，走过了339个镇770个行政村共计55 615km，在881户农户家收集了3 621份资源。

在资源收集过程中，资源调查队能合理分配时间，白天走街串巷收集资源，做好归类存放和妥善保存；晚上加班整理，进行拍照、清单汇总和补充，既能及时将信息补齐，也能再次对实物进行检查归类。截至目前，调查队累积加班时长达585h。

返回之后及时将资源核对、分发和寄送，并将纸质资料汇总建档。在将收集的资源送回广州之前，提前联系好取样的专家，待到广州后可直接将资源送到专家手中，这样能提高活体类资源的成活率，尤其是枝条类资源会优先寄送和分发。每完成一个县（市、区）任务，所有的纸质资料都会汇总建档，电子信息也依据县（市、区）进行汇总整理并进行归类分析统计。

4. 扩大影响，争取支持

调查队不断拓宽专家团队，吸纳院内外专家，扩大"行动"的影响力。截至目前共发展了49名新的专家团队，包含院内外专家，涉及木瓜、杨梅、烟草、蔬菜等领域，同时还有来自中国农业科学院、国家果梅杨梅种质资源圃、广东省农业科学院各地区分院（河源分院、梅州分院、韶关分院和湛江分院）的专家。通过"行动"专家的推荐发展年轻调查队员，加大了宣传效果。同时积极主动联系其他院所的专家，扩大专家研究领域涵盖面。与分院加强合作，不仅增加了地方政府的支持，更起到了很好的宣传效果。

广东省农业科学院领导高度重视"第三次全国农作物种质资源普查与收集行动"，多方争取资金支持。为实现广东省农业县（市、区）农作物种质资源普查的全覆盖和全面摸清广东省农作物种质资源家底，强化农作物种质资源对种业科技创新的支撑作用，加快推进广东省现代种业发展，广东省农业厅于2016年安排经费320万元，委托广东省农业科学院开展新增12个普查县和10个系统调查县种质资源的普查收集工作，将普查收集覆盖全省所有农业县。2016年广东省科技厅科技计划项目300万元，开展"广东省农作物种质资源鉴评利用公共服务平台建设"。2017年获得广州市农业局项目经费200万元，建设"广州国际种业种质资源库建设"。

以"第三次全国农作物种质资源普查与收集行动"为契机，2018年广东省农业厅设立专项："广东省农作物种质资源库（圃）建设与资源收集保存、鉴评"，立项经费5 000万元。主要任务：一是种质资源库改造建设，建设农作物种质资源中长期库，实现安全保存种质资源库容规模24万份；二是改造新建南药、甘蔗、花生、甘薯、黄皮、柑橘、龙眼、花卉、牧草、多年生野生特种经济作物等16个资源圃。开展种质资源鉴评和构建华南特色农作物核心种质分子身份证等建设内容，力争建成华南地区先进的农作物种质资源保存和鉴评利用中心。

调查队合影

刘旭院士2016年连山考察广东行动

调查队与当地农业局基层干部进行座谈会

调查队员在农户家中收集农家种质资源

调查队员在房前屋后采集资源

调查队晚上加班整理资源

资源调查结束后调查队核对资源

供稿：广东省农业科学院农业生物基因研究中心　吴柔贤　刘军

（二）广东积极探索，深入推进第三次农作物种质资源普查与收集行动

2016年，广东正式启动"第三次全国农作物种质资源普查与收集行动"，全省80个农业县（市、区）列为普查县，24个农业县（市、区）列为系统调查县。在国家普查办的指导下，广东省顺利完成80个县（市、区）普查与征集工作，征集种质资源2 453份；完成24个系统调查县的调查和收集工作，抢救性收集种质资源4 395份，全省共收集6 848份；开展种质资源鉴评1 500份，资源全部移交至广东省农业科学院保存，普查和系统调查任务均完成了预期目标。在推进"第三次全国农作物种质资源普查与收集行动"中，广东省农业农村厅高度重视，联合广东省农业科学院成立了行动领导小组，组织制定了行动实施方案，确保了广东省种质资源普查与收集行动有序开展。

由于距上一次全国农作物种质资源普查已有30多年，大部分县（市、区）缺乏农作物种质资源调查与收集工作的经历和经验，广东省边摸索边总结，形成了以下工作经验。

1.加强培训督导，推动工作落实

积极协助国家普查办开展农作物种质资源普查与收集培训班，组织全省80个农业县（市、区）项目承担单位负责人、广东省农业科学院有关研究所的代表共180人参加了培训。项目启动后，组织广东省农业科学院专家和省专家组成员，对所有普查和系统调查县（市、区）开展全覆盖培训或督导，举办座谈会或培训班100多次，利用QQ群和微信群在线答疑，累计培训普查人员超过2 000人次，同时还采用项目检查、电话督导、印发通知、会议部署等方式，有效督促各县（市、区）加快完成资源普查与收集工作，普查和系统调查工作扎实推进。

2.广泛宣传动员，做好调查摸底

积极组织各县（市、区）种子管理机构申报种质资源普查征集项目，对尚未成立种子管理机构的县（市、区），专门下发通知督促县级农业局申报。动员各项目承担单位通过电视、网络、悬挂横幅、张贴标语、编印宣传册等手段，扩大种质资源普查与收集工作的影响力，提高对种质资源普查与收集行动重要性的认识。由于大部分县（市、区）缺乏普查工作经历和经验，广东省要求各县（市、区）前期先开展农作物资源普查和系统调查摸底工作，基本掌握该地区资源状况、种类、分布信息，为征集和抢救性收集种质资源提供重要的信息，提高了种质资源普查与收集的工作效率。

3.加大财政投入，扩大普查范围

广东省以"第三次全国农作物种质资源普查与收集行动"为契机，在2016年省现代种业提升工程项目中安排经费320万元，依托广东省农业科学院开展新增12个普查县和10个系统调查县种质资源的普查收集工作，将种质资源普查收集覆盖全省所有农业县（市、区），以全面摸清广东省农作物种质资源家底，强化农作物种质资源对种业科技

创新的支撑作用。另外，广东省2017年已投入5 000万元，用于建设完善广东农作物种质资源库（圃）和种质资源鉴评与开发利用，提升广东省种质资源保护与利用水平。

4.加强学习交流，改进工作方法

借助"第三次全国农作物种质资源普查与收集行动"专家组组长刘旭院士率领专家组，到连山县指导种质资源普查和收集工作之际，广东省普查和系统调查工作人员主动学习交流，进一步规范了普查工作流程，提高了工作效率。针对普查与系统调查中存在的问题，广东省农业科学院多次召开会议集中研究对策、改进工作方法，及时向国家普查办专家咨询种质资源收集与鉴评的关键性问题，学习交流经验。

5.加强总结宣传，提升行动影响力

广东省积极引导项目承担单位加强对种质资源普查收集工作的总结和成效宣传，发挥各地专家、各种媒体的宣传影响力。连山县、信宜市等10多个县（市、区）积极向国家普查办投稿；60个县（市、区）对普查工作进行了认真总结，并向省普查办提交了书面总结材料。广东省近期还在《南方农村报》开展了《广东第三次农作物种质资源普查阶段性成果显著》的专题宣传报道，宣传种质资源普查收集的成效和亮点，开设6期专栏介绍收集的珍稀、野生、特有等种质资源，并借助广东第十六届种业博览会的平台展示此次行动收集的特色种质资源，扩大广东省种质资源普查收集工作的影响力，推动种质资源保护与可持续利用。

广东省种质资源普查与征集培训班

借助各种媒介开展普查宣传

供稿：广东省农业农村厅种业管理处　刘凯　陈坤朝

（三）为了农业的发展，资源收集任重道远
——广东省高州市农作物种质资源普查工作记述

广东省高州市位于热带与亚热带的过渡带，植物资源十分丰富，有大面积珍稀的野生稻，有全国最大种植面积的荔枝、龙眼等，有"全国水果第一县"的美誉。广东省2016年启动全国第三次农作物种质资源普查与征集行动以来，高州市是普查市县和系统调查县之一。为了摸清高州市农作物种质资源情况，抢救性收集和保护珍稀、濒危作物野生种质资源和特色地方品种，按照农业部和广东省普查办的统一部署，高州市精心组织，全面开展农作物种质资源的普查与收集行动，已经定位和收集了160多份优异作物种质资源，取得了较好的成效。

1. 领导重视，精心组织

全国第三次农作物种质资源普查与收集行动工作，时间紧任务重，涉及时间跨度大，普查范围广。为了使工作顺利开展，高州市农业局领导高度重视，迅速成立种质资源普查与收集行动领导小组和行动小组，明确任务职责，并组织全市农技站长和农业退休的老专家召开"全国第三次农作物种质资源普查与收集行动"培训班，统一部署高州市农作物种质资源普查工作。

2. 队员合力，科学普查

根据高州市农作物资源实际情况，这次普查行动主要征集当地特色栽培作物和珍稀濒危作物野生近缘植物种质资源。为确保征集到的种质资源的质量，收集行动小组成员主要由具有专业知识水平高并且工作责任心强的农业推广研究员、高级农艺师和农艺师等人员组成，收集地点重点选择远离市区并且居住人口相对少的山区镇，植被保护相对较好，野生近缘植物种质资源较为丰富。

行动小组队员们充分发扬不怕苦不怕累的连续作战精神，在当地向导的指引下，爬高山、涉溪水，为收集到珍稀的野生资源经常下午2点多钟才吃午餐。在野外采集，对于大多数队员来说经验都不足，遇到的困难比想象的多，但是为了完成任务，全体队员同心协力，每天收集完后都集中总结，相互交流，找出不足，科学制订下一天采集任务。由于很多时候都在高山上普查，要求队员们要注意安全，团结协作，确保资源采集行动顺利安全，但是基本上每位队员都被山蚂蟥叮咬过，特别是女队员她们没有退缩，选择继续完成任务。

好东西往往是偶然中发现，队员在海拔1 000多米高山上走访农户时，有户老农热情地用他在山上采的野生茶泡茶招待队员，老农称这野生茶为"甜茶"，他说茶叶采摘下来不经加工，入口甘甜不带涩味，队员们听到这情况异常兴奋，在老农的指引下立即上山找到了这棵珍贵的野生茶，这茶树应该有百年以上树龄，生长在山涧间，生长旺盛，队员们按要求做好定位、记录和样本采集。这样的例子有很多。

开展普查工作培训

3.发掘地方特色作物资源，提升农产品品位

利用这次普查行动，充分发掘高州市地方特色作物资源，收集和统计具有地方特色优质品种，查清家底，为领导制定高州市农作布局调整方案提供依据。通过这次普查行动，发现高州市具有地方特色优势的优质作物品种10多个，有传统品种，有野生品种，这些品种有些已被农户利用，但没有形成规模种植，有些野生品种已试种成功，但未被利用。例如，淮山种植已是高州市传统优势产业，但野生淮山种质资源十分丰富，有的品质极佳，具有很好的开发和利用价值，已有农户试种成功，如果能够合理开发利用，高州市淮山产业将具有较大的市场发展前景；蕉芋在高州市山区一直有零星种植，目前农户将蕉芋加工成蕉芋粉，市场供不应求，价格非常高。还有鸭脚粟等品种都是目前市场极具开发价值的品种。如何整合和开发利用当地特色农作物资源，也是这次普查工作的意义所在。

野生茶采集

特色种质资源蕉芋

特色种质资源鸭脚粟

供稿: 广东省高州市农业科学研究所　邹建运

（四）广东省封开县药用野生稻调查采集工作报告

——记"第三次全国农作物种质资源普查与收集行动"珍稀资源调查收集事例

2016年广东省正式启动"第三次全国农作物种质资源普查与收集行动"，由于封开县物种资源比较丰富，10月中旬，广东省农业科学院组织了专家组进行作物种质资源调查与采集工作，专家组有3位水稻专家，重点是调查和采集封开县现存的药用野生稻，经实地走访调查，寻找到了零星几株。2017年10月，对封开县的药用野生稻考察与收集工作继续，这次发现的面积较大，株数较多。从此，我们认识到了药用野生稻的珍稀价值。

1. 认识药用野生稻

（1）历史渊源。1978—1982年，全国开展野生稻普查考察与收集工作，基本摸清了我国野生稻的种类和分布情况。其中，广东省共在52个县288个镇718个村发现野生稻，共计有1 083个分布点。因此，广东成为国家二级保护野生植物——野生稻最主要分布地区之一。2005年，广东省农业科学院水稻研究所专家们再次启动全省各地区野生稻资源自然生存状况调查，这项调查一直持续到2016年，对原有资料记载的1 083个野生稻分布点逐一进行了调查，发现原有的1 083个分布点中有980个已不复存在，丧失率达90.49%。

目前，广东全省仅有25个县有野生稻，共有118个分布点，其中有15个是新发现的，对原来有记录野生稻分布面积的分布点与现有面积相比较，发现现存大部分分布点的面积已大大减少，按照学术标准界定，广东野生稻已处于极危状态。

（2）迎来了普查收集的机遇。近年来，随着气候、自然环境、种植业结构和土地经营方式等的变化，大量地方作物品种迅速消失，野生近缘植物资源也因其赖以生存繁衍的栖息地遭受破坏而急剧减少。在这种现实背景下，国家制定了《全国农作物种质资源保护与利用中长期发展规划（2015—2030年）》，自2015年起至2020年止，由农业农村部组织开展"第三次全国农作物种质资源普查与收集行动"，按照时间计划查清我国农作物种质资源的家底，抢救性收集和保护携带重要基因的资源，特别是珍稀、濒危作物野生近缘植物的种质资源。

2016年封开县迎来了"第三次全国农作物种质资源普查与收集行动"，由于封开县农作物物种资源丰富，广东省农业科学院组织了专家组到封开县收集物种资源，其中有3位水稻研究所专家，重点调查和采集封开县现存的药用野生稻。

2017年10月19日，广东省农业科学院水稻研究所来函《关于协助开展野生稻资源调查收集的函》，计划在封开县白垢、大洲、江口、大玉口、南丰等镇开展野生稻调查收集工作，我们做了细致的规划并参与完成药用野生稻资源调查收集工作。

（3）认识药用野生稻的巨大价值。野生稻属国家二级保护植物，是由于长期处于野生状态，经受了各种灾害和不良环境的自然选择，野生稻形成了固有稳定的遗传特性，蕴含丰富的抗病虫害基因和极强的耐冷基因，其优良的耐冷性、耐旱性、耐瘠性、抗病性等，可开发利用的价值十分巨大。

药用野生稻本身没药用价值，但在我国有"植物大熊猫"的美誉，是由于其长期处于野生状态，经受各种灾害和环境的自然选择，形成了丰富的变异类型，对水稻病虫害有较强抗逆性，是水稻育种和改良品种的重要遗传资源。

"杂交水稻之父"袁隆平院士说："如果没有野生稻资源，要在水稻优良品种培育上有很大的突破是很难的。"野生植物的基因通过高新技术可以复制，可以克隆，但绝不可能创造，我们要充分认识到野生植物对人类经济生活和农业可持续发展及在食物安全保障方面所具有的巨大作用，采取各种可行的办法保护各种野生植物。

2. 封开县进行过三次药用野生稻调查采集

（1）1978年第一次调查采集。1978年广东省农业科学院派出2位水稻专家到封开县专门调查药用野生稻分布情况，专家走访了全县9个乡镇（公社），18个村（大队），发现了28个分布点，面积最大的位于长安镇（公社）南京村（大队）的南靓牌，面积多达5亩，其次是位于封川台垌和大洲泗科，面积均为1.5亩，其余分布点达1亩的有4个，零星的有11个，这次对封开县的药用野生稻调查非常细致，还记录了当时各个分布区点的采集向导。

（2）2016年第二次调查采集。2016年"第三次全国农作物种质资源普查与收集行动"，广东省农业科学院组织专家组到封开县收集物种资源，其中有3位水稻专家是重点调查和采集封开县现存的药用野生稻而来的，他们带来了1978年编制的《封开县药用野生稻分布点》数据表，按照当年发现药用野生稻的地方寻找，大部分地区的分布点都受到了破坏，结果只发现了长安镇金宝村两个点还有零星的药用野生稻，这还是让3位水稻专家喜出望外，见到了希望。

（3）2017年第三次调查采集。2017年10月，广东省农业科学研究院水稻研究所潘大建、范芝兰研究员带领科研人员到封开县实地调查采集药用野生稻，这次主要针对白垢和大洲两镇走访查找，这次调查的目的性很强，还邀请了1978年寻找到药用野生稻的两位向导（现已退休的岑敬钊、陈海基）了解情况，在封开县种子管理站、封开县植检站负责同志的积极配合下，以及各镇村干部的大力帮助下，在白垢镇白垢社区的山间小溪旁发现了数十株极为珍贵的药用野生稻。在白垢镇寿山村又找到了零星几株，因环境破坏严重在大洲镇没有发现。

3. 建议对药用野生稻生态环境进行有效保护

认识药用野生稻是缘于"第三次全国农作物种质资源普查与收集行动"，对药用野生稻的深入了解，是参与两次药用野生稻的实地考察与收集工作之后，我们翻阅了大量资料，认识到了药用野生稻珍稀的价值，同时体会到了濒危的忧心，因此，我写了份调研报告《对我县珍稀濒危植物——药用野生稻的调研与建议》，向政府报告了封开县药用野生稻的现状，并建议对药用野生稻生态环境进行有效保护。

药用野生稻生境

药用野生稻稻穗

供稿：广东省封开县种子管理站　梁达洋

（五）广东省信宜市农作物种质资源普查与收集工作典型案例

农作物的每一新品种育出来都要有原始材料，这些原始材料学术上称作"种质资源"。为进一步摸清信宜市农作物种质资源的家底，抢救性收集和保护珍稀、濒危作物野生种质资源和特色地方品种，丰富国家种质遗传资源的多样性，为国家农作物育种产业发展提供新资源、新基因和新种质，维护农业可持续发展的生态资源环境，按照农业部的统一部署，广东省信宜市农作物种质资源的普查与收集行动于2017年8月已全面展开，已经定位了99个种质资源，取得了很好的成效。

1. 领导重视，成立机构，落实责任

2017年7月成立项目领导小组，由信宜市农业局分管副局长任组长，另一名分管水果的副局长为副组长，挑选粮食、蔬菜、果树、菜叶、花卉等专业的技术人员，特别是参加

过1981年第二次全国农作物种质资源普查与收集的重点人员共14人为小组成员，领导小组下设综合协调组、普查组、样本采集组及资料组四个业务组，分别负责协调、普查、采集和资料整理等工作。普查办公室设在种子管理站，由种子管理站人员负责日常工作。

2. 及早动员，早部署，抢抓普查时节

早在2016年8月，在项目资金未到位的情况下就启动了项目工作，先广泛释放出信息，发动全市范围内的农技人员、老农，以及自己或同事身边的亲戚、朋友，留意有价值的种质资源，一旦发现立即报告市普查办，并给予一定的奖励。为了使项目顺利开展，吸取过去普查的宝贵经验，我们深入挖掘上次参加过普查工作的人员。项目刚刚开始，在贯彻广东省的会议精神后，即找到了一位参加过1981年第二次普查的未退休的钟桂林同志，由他介绍上次的做法、路线、成果等，有了上次的基础，我们这次就有了指导思想、计划和路线，不会出现盲目普查的现象。

3. 广泛调查访问，挖掘资源线索

农作物种质资源普查与收集保护是一项面广源远流长的工作，单靠我们这一代人掌握的信息是极有限的，因此在项目一开始，我们就召集了信宜市曾经在农业战线上奋战的退休老同志，有已退休的经作副局长、植保站站长、农科所所长、粮产股副局长等相关人员，向他们了解信宜市过去的种质资源分布情况，摸清信宜市种质资源的底细，为本次普查与收集打下良好的基础。

信宜市第三次种质资源普查与征集行动启动讨论会　　信宜市第三次种质资源普查与征集行动总结交流

4. 查阅历史资料，确保普查数据精确

普查分三个时段，1956年、1981年和2014年，1956年与1981年的资料已分别时隔60年与35年，保留下来的很少，不管是《市志》还是《县志》所记载的都是全社会的工业、农业、经济、文化、教育、卫生、旅游等全方位的数据，对农业的描述很少、很浅显，使普查工作一时陷入困境，后来经有关领导提示，找到一本《信宜县农业志》（修订稿），里面详细记载了信宜从1949年以来农作物品种、分布、面积和产量等，教育方面的资料，再从教育局翻查，这样才使普查工作顺利完成。

5. 发动群众参与，选准普查向导

信宜市地处粤西山区，种质资源丰富。通过广泛宣传发动使更多的人了解种质资源保护的重要性，借助当地的老农去发现挖掘宝贵资源，并由他们为向导，深入田间地头，翻越深山野岭，调查种质资源的分布和濒危状况，收集种子、种苗或枝条样本实物送广东省农业科学院种质资源圃种植，每份样本均写上标签，并相应做好《征集表》的填写和照片拍摄等工作。照片拍摄好后制作成图文组合，同时对具有利用或研究价值的种质资源进行原地保护。截至2017年9月，共收集到本地细黄谷、野生猕猴桃等资源31个样本，填写《征集表》31份，拍摄照片180多幅，果苗（或枝条）和种子提交完成有效率100%。

6. 加强部门协作，确保普查畅通

在资源普查与收集过程中，领导重视，部门配合。虽然项目经费拨到农业局账户，但局长指令，种质资源普查经费单列专款专用，确保普查工作畅通。市志办、教育局、林业局以及农业局办公室及其他股室等部门积极配合，通力合作，无偿提供资料、数据。日常下乡要车派车，要人给人。爬山必要的劳保鞋服配备，专用设备及材料购买齐全，向农民购买资源、向导费开支等按规定应支即支，不折不扣，工作人员下乡伙食保证。为了保护好收集回的地方品种种子能安全过冬，局长指示专程驱车到20km外从农户手中购买大瓦缸回来装盛种子，完好保存，使翌年开春得以顺利种植繁沔。

7. 及时上报普查进度，积极向《简报》投稿

为使好经验、好做法、好人好事、典型案例能及时迅速在全国种质资源普查与收集行动中得以交流推广，我们积极响应国家普查办的号召，认真撰写简报投稿。自项目开展以来，共向《第三次全国农作物种质资源普查与收集行动简报》投稿3次；向本地最大网络媒体《信宜玉都风情网》投稿1次；在"广东种质资源普查"QQ群发实时短信50多次。

信宜县农业志

第三次资源普查信宜在行动

供稿：广东省信宜市种子管理站　陈鸿

（六）广东省雷州市农作物种质资源系统调查与收集工作进展

　　"第三次全国农作物种质资源普查与收集行动"广东省系统调查与收集工作于2016年正式启动，为实现对广东农作物种质资源普查与收集工作的全覆盖，在国家普查与收集任务的基础上，广东省农业厅另配套项目经费，并明确了工作任务，即在2017年完成国家系统调查6县的基础上，还需完成雷州市等10个市（县、区）的资源系统调查工作以及清新区等12个市（县、区）的资源普查与征集工作。广东省种质资源系统调查与收集项目由广东省农业科学院承担，由其下属单位农业生物基因中心组织实施。

　　6月26日，广东省农业科学院农业生物基因中心林伟文副主任、种质资源调查队队长李育军研究员，以及相关资源专家、后勤人员等前往雷州市开展种质资源系统调查与收集工作。本次调查仍然沿用以往资源调查与收集的工作模式，本着先摸底调查，再开座谈会确定调查地点，最后深入农村、农户收集本地优异、特色资源的原则有序展开。雷州市位于祖国大陆最南端的雷州岛中部。地跨东经109°44′~110°23′，北纬20°26′~21°11′，东濒南海，西靠北部湾，属热带季风气候，分布着许多该气候区域的特色农作物种质资源。资源调查队分别前往该市的唐家镇、企水镇、乌石镇、覃斗镇、调风镇和英利镇共6个镇开展调查与收集工作，每到一个镇又将调查队分为2个工作小组，前往不同的行政村，农作物种质资源覆盖23个行政村。

　　据统计，本次调查与收集工作共收集雷州市优异特色农作物种质资源113份，其中粮食作物43份、蔬菜51份、油料作物12份、果树5份、纤维作物2份。与以往收集工作不同的是，本次收集的农作物资源主要以易于保存的种子类资源为主，由于当前季节的限制，许多果树类资源较难嫁接，因此，对于该类大部分资源暂时未采集枝条，只对GPS位置信息、性状特点等资源信息进行详细的记录，以便在适合嫁接的季节前来采样。本次调查与收集工作中，发现了一大批古老的地方品种，如在本地种植超过百年的葫芦瓜；也发现了一些在本地种植较久且经过人工选择的育成品种，如常规稻品种特籼占25。据雷州市农业科学研究所陈雨生所长介绍，该水稻品种在当地种植近25年，经过多次提纯复壮，抗白叶枯病和细菌性条斑病，抗倒伏能力极强，适合台风发生频繁的区域种植；另外，也发现了一些野生近缘的农作物资源，如野生棉花、野生刀豆等。

　　本次资源调查与收集工作也得到了雷州市农业局陈耀辉副局长、刘培文站长，以及种子站何桂明和雷志雄等同志的大力支持。

座谈会

调查队员在采访农户

特籼占25

野生近缘种"野生棉花"

野生近缘种"野生刀豆"

供稿：广东省农业科学院农业生物基因研究中心　陈兵先　徐恒恒

（七）广东省农业科学院基因中心大力开展资源普查与收集工作

2018年5月以来，广东省农业科学院农作物种质资源调查队在院农业生物基因研究中心刘军副主任带领下，调查队员多次赴阳山县、罗定市和英德市开展第三次全国农作物种质资源普查与收集系统调查工作，收获颇丰。

5月21—25日，调查队在阳山县共走访了青莲镇、小江镇、黎埠镇、江英镇、称架镇、黄坌镇和七拱镇共7个镇26个自然村，共收集了各类自留多年的农家地方种及古老育成品种152份，其中，蔬菜68份、粮食作物65份、经济作物12份、果树7份。具有当地特色的资源有民间培育成的，单果可达1.5kg重的晶宝梨；分布于深山处的野生猕猴桃；家家户户长期种植的耐旱玉米（俗称大暑麦）以及用于做爆米花的小玉米；还有可加工成糍粑或小吃的阳山荞麦（俗称三角麦）；引种50年的大叶青茶树。

8月20—24日，调查队在罗定市共走访了附城街道、分界镇、罗平镇、金鸡镇、苹塘镇、泗纶镇、连州镇、龙湾镇、加益镇和替滨镇，共10个镇的17个村，收获了129份资源，其中，粮食作物48份、蔬菜47份、果树2份、经济作物32份。罗定市多为山区，农作物种质资源相当丰富，资源调查队收集到了当地用于煲饭、煲粥和包粽子的黄粟和红粟；用于包粽子、煲粥和酿酒的红米、黑糯米和白糯米等一批古老的地方农家种。此外在替滨镇的一个柑橘园旁还寻到一处野生稻分布点，资源调查队重新记录了该位点的分布情况。

此次调查过程中，资源调查队探访了抗日英雄褟炳文老先生，并在他家中开展座谈和资源收集。据了解，褟老现年91岁，家里存有由中共中央、国务院和中央军委颁发的"中国人民抗日战争胜利七十周年纪念章"及证书，年轻时为国家抗日战争的胜利贡献力量的褟老晚年依旧保持着传统的农耕生活，在得知我们的来意后，无私地与我们分享自留多年的豆类资源，并协助我们进行信息登记，褟老的无私奉献精神值得我们致敬，特别是褟老在物质生活富裕的今天依旧能保持艰苦奋斗的精神更值得我们学习。

10月15—19日，资源调查队在以红茶闻名的英德市走访了7个乡镇19个村，共获得了153份农作物种质资源，其中，粮食作物类44份、蔬菜75份、果树14份、经济作物20

份。具有当地特色的资源，有来自瑶族且传承了上百年的苞米、白皮番薯、全株为紫色的指天椒以及瑶族特有的竹芋，该竹芋的块茎一半生长于地下，一半长于地上，与竹子生长习性类似，异于普通芋头；九郎村的九郎黄姜，亩产达3 000kg，每千克售价最高可达36元，为当地带来可观的经济收益，主要源于其独特的气候环境，赋予了该黄姜独特的风味；太平坪村独有的扁圆形，一个重达16kg的大南瓜；野生于山上峭壁的石花茶、横石塘的野山茶，被当地农民移栽到山下，并结合当地的制茶工艺制造出了各种甘醇的茶；家家户户采挖晾晒成笋干、叶片可包粽子的麻竹笋；作为当地早餐必备的擂茶粥中的擂茶。同时，调查队还在山上荒弃的果园发现一颗老年橘树，周围其他柑橘类果树因黄龙病而死，唯独它没有出现黄龙病的症状。

禤炳文老先生

收集到的南瓜资源

供稿：广东省农业科学院农业生物基因研究中心　吴柔贤

附 录

第三次全国农作物种质资源普查与
收集行动2016年实施方案

根据《第三次全国农作物种质资源普查与收集行动实施方案》（农办种〔2015〕26号）要求，2016年，在继续做好湖北、湖南、广西、重庆4省（区、市）农作物种质资源系统调查、鉴定评价和编目入库（圃）保存的基础上，启动江苏、广东两省农作物种质资源普查与征集、系统调查与抢救性收集工作。

一、主要任务

（一）农作物种质资源普查与征集

对江苏、广东2省140个农业县（市、区）的农作物种质资源进行全面普查。一是查清粮食、经济、蔬菜、果树、牧草等栽培作物古老地方品种的分布范围、主要特性以及农民认知等基本情况；二是列入国家重点保护名录的作物野生近缘植物的种类、地理分布、生态环境和濒危状况等重要信息；三是各类作物的种植历史、栽培制度、品种更替、社会经济和环境变化、种质资源的种类、分布、多样性及其消长状况等基本信息；四是分析当地气候、环境、人口、文化及社会经济发展对农作物种质资源变化的影响，揭示农作物种质资源的演变规律及其发展趋势。填写《第三次全国农作物种质资源普查与收集行动普查表》《第三次全国农作物种质资源普查与收集行动征集表》（附件1、附件2、附件3）。

征集古老、珍稀、特有、名优的作物地方品种和野生近缘植物种质资源3 500份。

（二）农作物种质资源系统调查与抢救性收集

对湖北、湖南、广西、重庆4省（区、市）51个农业县（市），江苏、广东2省19个农业县（市）进行各类农作物种质资源的系统调查。调查每类农作物种质资源的科、属、种，及品种分布区域、生态环境、历史沿革、濒危状况、保护现状等信息，深入了解当地农民对其优良特性、栽培方式、利用价值、适应范围等方面的认知等基础信息。

填写《第三次全国农作物种质资源普查与收集行动调查表》（附件4、附件5）。

抢救性收集各类作物的古老地方品种、种植年代久远的育成品种、国家重点保护的作物野生近缘植物，以及其他珍稀、濒危野生植物种质资源7000份。

（三）农作物种质资源鉴定评价与编目入库

在适宜生态区，对2015年湖北、湖南、广西、重庆4省（区、市）征集和抢救性收集的种质资源进行繁殖，并开展基本生物学特征特性的鉴定评价，经过整理、整合并结合农民认知进行编目，入库（圃）妥善保存。

鉴定各类农作物种质资源7 000份，编目入库（圃）保存5 000份。

（四）农作物种质资源普查与收集数据库建设

对普查与征集、系统调查与抢救性收集、鉴定评价与编目等数据及信息进行系统整理，按照统一标准和规范建立全国农作物种质资源普查数据库和编目数据库，编写全国农作物种质资源普查报告、系统调查报告、种质资源目录、重要农作物种质资源图集等技术报告。

二、工作措施

（一）编写培训教材

中国农业科学院作物科学研究所组织制定种质资源普查、系统调查和采集标准；设计制作种质资源普查、系统调查和采集表格；编制培训教材。

（二）组建普查与收集专业队伍

江苏、广东两省种子管理站指导普查县（市）农业局，组建由相关专业管理和技术人员构成的普查工作组，开展农作物种质资源普查与征集工作。

6省（区、市）省级农业科学院组建由农作物种质资源、作物育种与栽培、植物分类学等专业人员构成的系统调查课题组，开展农作物种质资源系统调查与抢救性收集工作。

（三）开展技术培训

举办种质资源系统调查与抢救性收集培训班，并在江苏、广东2省分别举办种质资源普查与征集培训班；解读《全国农作物种质资源保护与利用中长期发展规划（2015—2030年）》《第三次全国农作物种质资源普查与收集行动实施方案》，培训种质资源文献资料查阅、资源分类、信息采集、数据填报、样本征集、资源保存、鉴定评价等内容。

三、进度安排

2016年5月中旬至6月上旬：组织召开第三次全国农作物种质资源普查与收集行动2015年度工作总结会和2016年启动会，举办系统调查与抢救性收集培训班、农作物种质资源普查与征集培训班。

2016年5月中旬至10月底：完成江苏、广东2省140个农业县（市、区）农作物种质资源的普查与征集工作，将普查数据录入数据库，将征集的种质资源送交本省农业科学院临时保存。

2016年5月中旬至11月底：完成湖北、湖南、广西、重庆、广东、江苏6省（区、市）70个农业县（市、区）农作物种质资源系统调查与抢救性收集工作。

2016年4月上旬至11月底：对2015年湖北、湖南、广西、重庆4省（区、市）征集与收集的农作物种质资源进行田间繁殖、鉴定评价和编目入库（圃）保存等。

2016年11月上旬至12月底：完善全国作物种质资源普查数据库和编目数据库，编写农作物种质资源普查报告、系统调查报告、种质资源目录和重要农作物种质资源图集等技术报告等，并进行年度工作总结。

附件：1.第三次全国农作物种质资源普查与收集行动2016年普查县清单
2.第三次全国农作物种质资源普查与收集行动普查表
3.第三次全国农作物种质资源普查与收集行动征集表
4.第三次全国农作物种质资源普查与收集行动2016年系统调查县清单
5.第三次全国农作物种质资源普查与收集行动调查表

附件1

第三次全国农作物种质资源普查与收集行动

2016年普查县清单

一、江苏省（60个）

序号	普查县（市、区）	备注	序号	普查县（市、区）	备注
1	六合区	南京市	28	海州区	连云港市
2	溧水区		29	赣榆区	
3	高淳区		30	东海县	
4	惠山区	无锡市	31	灌云县	
5	滨湖区		32	灌南县	
6	江阴市		33	淮安区	淮安市
7	宜兴市		34	淮阴区	
8	贾汪区	徐州市	35	清浦区	
9	铜山区		36	涟水县	
10	丰县		37	洪泽县	
11	沛县		38	盱眙县	
12	睢宁县		39	金湖县	
13	新沂市		40	响水县	盐城市
14	邳州市		41	滨海县	
15	溧阳市	常州市	42	阜宁县	
16	金坛市		43	射阳县	
17	常熟市	苏州市	44	建湖县	
18	张家港市		45	东台市	
19	昆山市		46	大丰市	
20	太仓市		47	宝应县	扬州市
21	吴江市		48	仪征市	
22	通州区	南通市	49	高邮市	
23	海安县		50	丹阳市	镇江市
24	如东县		51	扬中市	
25	启东市		52	句容市	
26	如皋市		53	高港区	泰州市
27	海门市		54	兴化市	

（续表）

序号	普查县（市、区）	备注	序号	普查县（市、区）	备注
55	靖江市	泰州市	58	沭阳县	宿迁市
56	泰兴市		59	泗阳县	
57	宿豫区	宿迁市	60	泗洪县	

二、广东省（80个）

序号	普查县（市、区）	备注	序号	普查县（市、区）	备注
1	从化区	广州市	27	电白区	茂名市
2	增城区		28	高州市	
3	始兴县	韶关市	29	化州市	
4	仁化县		30	信宜市	
5	翁源县		31	鼎湖区	肇庆市
6	乳源瑶族自治县		32	广宁县	
7	新丰县		33	怀集县	
8	乐昌市		34	封开县	
9	南雄市		35	德庆县	
10	潮阳区	汕头市	36	高要市	
11	三水区	佛山市	37	四会市	
12	高明区		38	惠阳区	惠州市
13	江海区	江门市	39	博罗县	
14	新会区		40	惠东县	
15	台山市		41	龙门县	
16	开平市		42	梅县区	梅州市
17	鹤山市		43	大埔县	
18	恩平市		44	丰顺县	
19	坡头区	湛江市	45	五华县	
20	麻章区		46	平远县	
21	遂溪县		47	蕉岭县	
22	徐闻县		48	兴宁市	
23	廉江市		49	海丰县	汕尾市
24	雷州市		50	陆河县	
25	吴川市		51	陆丰市	
26	茂南区	茂名市	52	源城区	河源市

（续表）

序号	普查县（市、区）	备注	序号	普查县（市、区）	备注
53	紫金县		67	英德市	清远市
54	龙川县		68	连州市	
55	连平县	河源市	69	湘桥区	潮州市
56	和平县		70	潮安区	
57	东源县		71	饶平县	
58	江城区		72	揭东区	揭阳市
59	阳西县	阳江市	73	揭西县	
60	阳东县		74	惠来县	
61	阳春市		75	普宁市	
62	清城区		76	云城区	云浮市
63	佛冈县		77	云安区	
64	阳山县	清远市	78	新兴县	
65	连山壮族瑶族自治县		79	郁南县	
66	连南瑶族自治县		80	罗定市	

附件2

第三次全国农作物种质资源普查与收集行动
普查表
（1956年、1981年、2014年）

填表人：_____　日期：____年____月____日　联系电话：_____

一、基本情况

（一）县名：_____

（二）历史沿革（名称、地域、区划变化）：_____

（三）行政区划：县辖_____个乡（镇）_____个村，县城所在地_____

（四）地理系统：

县海拔范围_____~_____m，经度范围_____°~_____°

纬度范围_____°~_____°，年均气温_____℃，年均降雨量_____mm

（五）人口及民族状况：

总人口数_____万人，其中农业人口_____万人

少数民族数量：_____个，其中人口总数排名前10的民族信息：

民族_____人口_____万人，民族_____人口_____万人

民族_____人口_____万人，民族_____人口_____万人

民族_____人口_____万人，民族_____人口_____万人

民族_____人口_____万人，民族_____人口_____万人

民族_____人口_____万人，民族_____人口_____万人

（六）土地状况：

县总面积_____km²，耕地面积_____万亩

草场面积_____万亩，林地面积_____万亩

湿地（含滩涂）面积_____万亩，水域面积_____万亩

（七）经济状况：

生产总值_____万元，工业总产值_____万元

农业总产值_____万元，粮食总产值_____万元

经济作物总产值_____万元，畜牧业总产值_____万元

水产总产值_____万元，人均收入_____元

（八）受教育情况：

高等教育____%，中等教育____%，初等教育____%，未受教育____%

（九）特有资源及利用情况：_____

_____

（十）当前农业生产存在的主要问题：_____

（十一）总体生态环境自我评价：□优　□良　□中　□差

（十二）总体生活状况（质量）自我评价：□优　□良　□中　□差

（十三）其他：_____

二、全县种植的粮食作物情况

作物种类	种植面积（亩）	种植品种数目									具有保健、药用、工艺品、宗教等特殊用途品种		
		地方品种					培育品种					名称	用途	单产（kg/亩）
		数目	代表性品种			数目	代表性品种				
			名称	面积（亩）	单产（kg/亩）		名称	面积（亩）	单产（kg/亩）		

注：表格不足请自行补足

三、全县种植的油料、蔬菜、果树、茶、桑、棉麻等主要经济作物情况

作物种类	种植面积（亩）	种植品种数目								具有保健、药用、工艺品、宗教等特殊用途品种		
		地方或野生品种				培育品种				名称	用途	单产（kg/亩）
		数目	代表性品种			数目	代表性品种					
			名称	面积（亩）	单产（kg/亩）		名称	面积（亩）	单产（kg/亩）			

注：表格不足请自行补足

附件3

第三次全国农作物种质资源普查与收集行动
征集表

注：*为必填项

样品编号*		日期*	年 月 日
普查单位*		填表人及电话*	
地点*	省 市 县 乡（镇） 村		
经度	纬度		海拔
作物名称		种质名称	
科 名		属 名	
种 名		学 名	
种质类型	□地方品种 □选育品种 □野生资源 □其他		
种质来源	□当地 □外地 □外国		
生长习性	□一年生 □多年生 □越年生	繁殖习性	□有性 □无性
播种期	（ ）月□上旬 □中旬 □下旬	收获期	（ ）月□上旬 □中旬 □下旬
主要特性	□高产 □优质 □抗病 □抗虫 □耐盐碱 □抗旱 □广适 □耐寒 □耐热 □耐涝 □耐贫瘠 □其他		
其他特性			
种质用途	□食用 □饲用 □保健药用 □加工原料 □其他		
利用部位	□种子（果实） □根 □茎 □叶 □花 □其他		
种质分布	□广 □窄 □少	种质群落 （野生）	□群生 □散生
生态类型	□农田 □森林 □草地 □荒漠 □湖泊 □湿地 □海湾		
气候带	□热带 □亚热带 □暖温带 □温带 □寒温带 □寒带		
地形	□平原 □山地 □丘陵 □盆地 □高原		
土壤类型	□盐碱土 □红壤 □黄壤 □棕壤 □褐土 □黑土 □黑钙土 □栗钙土 □漠土 □沼泽土 □高山土 □其他		
采集方式	□农户搜集 □田间采集 □野外采集 □市场购买 □其他		
采集部位	□种子 □植株 □种茎 □块根 □果实 □其他		
样品数量	（ ）粒（ ）克（ ）个/条/株		
样品照片			
是否采集 标本	□是 □否		
提供人	姓名： 性别： 民族： 年龄： 联系电话：		
备注			

填写说明

本表为征集资源时所填写的资源基本信息表，一份资源填写一张表格。

1、样品编号：征集的资源编号。由P +县代码+3位顺序号组成，共10位，顺序号由001开始递增，如"P430124008"。

2、日期：分别填写阿拉伯数字，如2011、10、1。

3、普查单位：组织实地普查与征集单位的全称。

4、填表人及电话：填表人全名和联系电话。

5、地点：分别填写完整的省、市、县、乡（镇）和村的名字。

6、经度、纬度：直接从GPS上读数，请用"度"格式，即ddd.dddddd（只填写数字，不要填写"度"字或是"°"符号），不要用dd度mm分ss秒格式和dd度mm.mmmm分格式。一定要在GPS显示已定位后再读数！

7、海拔：直接从GPS上读数。

8、作物名称：该作物种类的中文名称，如水稻、小麦等。

9、种质名称：该份种质的中文名称。

10、科名、属名、种名、学名：填写拉丁名和中文名。

11、种质类型：单选，根据实际情况选择。

12、生长习性：单选，根据实际情况选择。

13、繁殖习性：单选，根据实际情况选择。

14、播种期、收获期：括号内填写月份的阿拉伯数字，再选择上、中、下旬。

15、主要特性：可多选，根据实际情况选择。

16、其他特性：该资源的其他重要特性。

17、种质用途：可多选，根据实际情况选择。

18、种质分布、种质群落：单选，根据实际情况选择。

19、生态类型：单选，根据实际情况选择。

20、气候带：单选，根据实际情况选择。

21、地形：单选，根据实际情况选择。

22、土壤类型：单选，根据实际情况选择。

23、采集方式：单选，根据实际情况选择。

24、采集部位：可多选，根据实际情况选择。

25、样品数量：按实际情况选择粒、克或个/条/份，填写阿拉伯数字。

26、样品照片：样品的全写、典型特征和样品生境照片的文件名，采用"样品编号"-1、"样品编号"-2……的方式对照片文件进行命名，如"P430124008-1.jpg"。

27、是否采集标本：单选，根据实际情况选择。

28、提供人：样品提供人（如农户等）的个人信息。

29、备注：如表格填写项不足以描述该资源的情况，或普查人员觉得必须要加以记载的其他信息，请在此作详细描述。

附件4

第三次全国农作物种质资源普查与收集行动

2016年系统调查县清单

序号	调查县（市、区）	所在地区	省份
1	宜兴市	无锡市	
2	睢宁县	徐州市	
3	邳州市	徐州市	
4	溧阳市	常州市	
5	常熟市	苏州市	江苏省
6	如东县	南通市	
7	如皋市	南通市	
8	赣榆区	连云港市	
9	涟水县	淮安市	
10	阳新县	黄石市	
11	房县	十堰市	
12	远安县	宜昌市	
13	谷城县	襄阳市	
14	钟祥市	荆门市	
15	大悟县	孝感市	
16	松滋市	荆州市	
17	红安县	黄冈市	湖北省
18	罗田县	黄冈市	
19	英山县	黄冈市	
20	浠水县	黄冈市	
21	蕲春县	黄冈市	
22	黄梅县	黄冈市	
23	麻城市	黄冈市	
24	武穴市	黄冈市	
25	广水市	随州市	

序号	调查县（市、区）	所在地区	省份
26	永顺县	湘西土家族苗族自治州	
27	江永县	永州市	
28	洪江县	怀化市	
29	新晃侗族自治县	怀化市	
30	衡阳县	衡阳市	
31	常宁市	衡阳市	
32	桃源县	常德市	
33	新化县	娄底市	
34	平江县	岳阳市	湖南省
35	华容县	岳阳市	
36	茶陵县	株洲市	
37	炎陵县	株洲市	
38	城步县	邵阳市	
39	沅江市	益阳市	
40	宜章县	郴州市	
41	汝城县	郴州市	
42	桂东县	郴州市	
43	增城区	广州市	
44	仁化县	韶关市	
45	乳源瑶族自治县	韶关市	
46	台山市	江门市	
47	遂溪县	湛江市	
48	廉江市	湛江市	广东省
49	高州市	茂名市	
50	信宜市	茂名市	
51	封开县	肇庆市	
52	博罗县	惠州市	

序号	调查县（市、区）	所在地区	省份
53	柳城县	柳州市	
54	融水苗族自治县	柳州市	
55	灌阳县	桂林市	
56	龙胜各族自治县	桂林市	
57	资源县	桂林市	
58	荔浦县	桂林市	
59	恭城瑶族自治县	桂林市	
60	平果县	百色市	广西壮族自治区
61	凌云县	百色市	
62	西林县	百色市	
63	隆林各族自治县	百色市	
64	富川瑶族自治县	贺州市	
65	大化瑶族自治县	河池市	
66	扶绥县	崇左市	
67	宁明县	崇左市	
68	云阳县	重庆市	
69	秀山土家族苗族自治县	重庆市	重庆市
70	武隆县	重庆市	

附件5

第三次全国农作物种质资源普查与收集行动
调查表
——粮食、油料、蔬菜及其他一年生作物

□ 未收集的一般性资源　　□ 特有和特异资源

1. 样品编号：_____，日期：_____年_____月_____日

　　采集地点：_____，样品类型：_____，采集者及联系方式：_____

2. 生物学：物种拉丁名：_____，作物名称：_____，品种名称：_____，

俗名：_____，生长发育及繁殖习性_____，其他：_____

3. 品种类别：□ 野生品种，□ 地方品种，□ 育成品种，□ 引进品种

4. 品种来源：□ 前人留下，□ 换　　种，□ 市场购买，□ 其他途径：_____

5. 该品种已种植了大约_____年，在当地大约有_____农户种植该品种，

　　该品种在当地的种植面积大约有_____亩

6. 该品种的生长环境：GPS定位：海拔：____m，经度：____°，纬度：____°

　　土壤类型：_____，分布区域：_____

　　伴生、套种或周围种植的作物种类：_____

7. 种植该品种的原因：□自家食用，□市场出售，□饲料用，□药用，□观赏，

　　□其他用途：_____

8. 该品种若具有高效（低投入，高产出）、保健、药用、工艺品、宗教等特殊

用途：

　　具体表现：_____

　　具体利用方式与途径：_____

9. 该品种突出的特点（具体化）：

　　优质：_____

　　抗病：_____

　　抗虫：_____

　　抗寒：_____

　　抗旱：_____

　　耐贫瘠：_____

　　产量：平均单产_____kg/亩，最高单产_____kg/亩

　　其他：_____

10. 利用该品种的部位：□ 种子，□ 茎，□ 叶，□ 根，□ 其他：_____

11. 该品种株高_____cm，穗长_____cm，籽粒：□ 大，□ 中，□ 小；

品质：□优，□中，□差

　　12. 该品种大概的播种期：_____，收获期：_____

　　13. 该品种栽种的前茬作物：_____，后茬作物：_____

　　14. 该品种栽培管理要求（病虫害防治、施肥、灌溉等）：

　　_____

　　15. 留种方法及种子保存方式：_____

　　16. 样品提供者：姓名：_____，性别：____，民族：_____，

　　年龄：_____，文化程度：_____，家庭人口：_____人，

　　联系方式：_____

　　17. 照相：样品照片编号：_____

　　注：照片编号与样品编号一致，若有多张照片，用"样品编号"加"-"加序号，
样品提供者、生境、伴生物种、土壤等照片的编号与样品编号一致。

　　18. 标本：标本编号：_____

　　注：在无特殊情况下，每份野生资源样品都必须制作1~2个相应材料的典型、完整
的标本，标本编号与样品编号一致，若有多个标本，用"样品编号"加"-"加序号。

　　19. 取样：在无特殊情况下，地方品种、野生种每个样品（品种）都必须从田间不
同区域生长的至少50个单株上各取1个果穗，分装保存，确保该品种的遗传多样性，并
作为今后繁殖、入库和研究之用；栽培品种选取15个典型植株各取1个果穗混合保存。

　　20. 其他需要记载的重要情况：_____

第三次全国农作物种质资源普查与收集行动

调查表

——果树、茶、桑及其他多年生作物

1. 样品编号：_____，日期：____年____月____日

   采集地点：_____，样品类型：_____，采集者及联系方式：_____

2. 生物学：

   物种拉丁名：_____，作物名称：_____，品种名称：_____，

   俗名：_____，分布区域：_____，

   历史演变：_____，伴生物种：_____，

   生长发育及繁殖习性：_____，极端生物学特性：_____，

   其他：_____

3. 地理系统：

   GPS定位：海拔_____m，经度_____°，纬度：_____°；

   地形：_____，地貌：_____，年均气温：_____℃

   年均降雨量：_____mm，其他：_____

4. 生态系统：

   土壤类型：_____，植被类型：_____

   植被覆盖率：_____%，其他：_____

5. 品种类别：□ 地方品种，□ 育成品种，□ 引进品种，□ 野生品种

6. 品种来源：□ 前人留下，□ 换   种，□ 市场购买，□ 其他途径：_____

7. 种植该品种的原因：□ 自家食用，□ 饲用，□ 市场销售，□ 药用，□ 其他

   用途：_____

8. 品种特性：

   优质：_____

   抗病：_____

   抗虫：_____

   产量：_____

   其他：_____

9. 该品种的利用部位：□ 果实，□ 种子，□ 植株，□ 叶片，□ 根，□ 其他____

10. 该品种具有的药用或其他用途：

    具体用途：_____

    利用方式与途径：_____

11. 该品种其他特殊用途和利用价值：□ 观赏，□ 砧木，□ 其他_____

12. 该品种的种植密度：_____，间种作物：_____

13. 该品种在当地的物候期：_____

14. 品种提供者种植该品种大约有_____年，现在种植的面积大约_____亩，当地大约有_____户农户种植该品种，种植面积大约有_____亩

15. 该品种大概的开花期：_____，成熟期：_____

16. 该品种栽种管理有什么特别的要求？

_____

17. 该品种株高：_____m，果实大小：_____mm，
果实品质：□优，□中，□差

18. 品种提供者一年种植哪几种作物：_____

19. 其他：_____

20. 样品提供者：

姓名：_____，性别：_____，民族：_____，

年龄：_____，文化程度：_____，家庭人口：_____人，

联系方式：_____